我们的地球怎么了？

我们把地球吃坏了

[英]奥利弗·韦斯特 [英]大卫·韦斯特 著绘 吕竞男 译

海豚出版社
DOLPHIN BOOKS
CIPG 中国国际出版集团

本书地图系原书插附地图　审图号：GS（2021）925号

What on Earth is Intensive Farming

著作权合同登记号：图字 01-2021-4126 号

图书在版编目（CIP）数据

我们的地球怎么了？. 我们把地球吃坏了 / (英) 奥利弗・韦斯特, (英) 大卫・韦斯特著绘；吕竞男译. -- 北京：海豚出版社, 2022.1
ISBN 978-7-5110-4198-2

Ⅰ. ①我… Ⅱ. ①奥… ②大… ③吕… Ⅲ. ①环境保护 - 儿童读物 Ⅳ. ①X-49

中国版本图书馆CIP数据核字(2020)第268572号

我们的地球怎么了？**我们把地球吃坏了**
[英] 奥利弗・韦斯特　[英] 大卫・韦斯特　著绘　吕竞男　译

出 版 人：王磊
选题策划：洛克博克
责任编辑：杨文建　白云
美术设计：暖暖
责任印制：于浩杰　蔡丽
法律顾问：中咨律师事务所　殷斌律师
出　　版：海豚出版社（北京市西城区百万庄大街24号）
电　　话：010-68996147（总编室）　010-53606996（发行部）
传　　真：010-68996147
印　　刷：北京利丰雅高长城印刷有限公司
开　　本：24开（889mm × 1280mm）
印　　张：8
字　　数：120千
印　　数：1—8000
版　　次：2022年1月第1版　2022年1月第1次印刷
标准书号：ISBN 978-7-5110-4198-2
定　　价：120.00元（全6册）

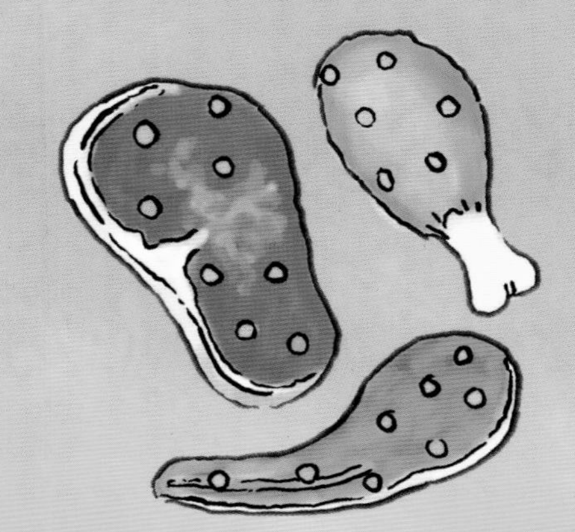

目 录

地球上到处忙忙碌碌。

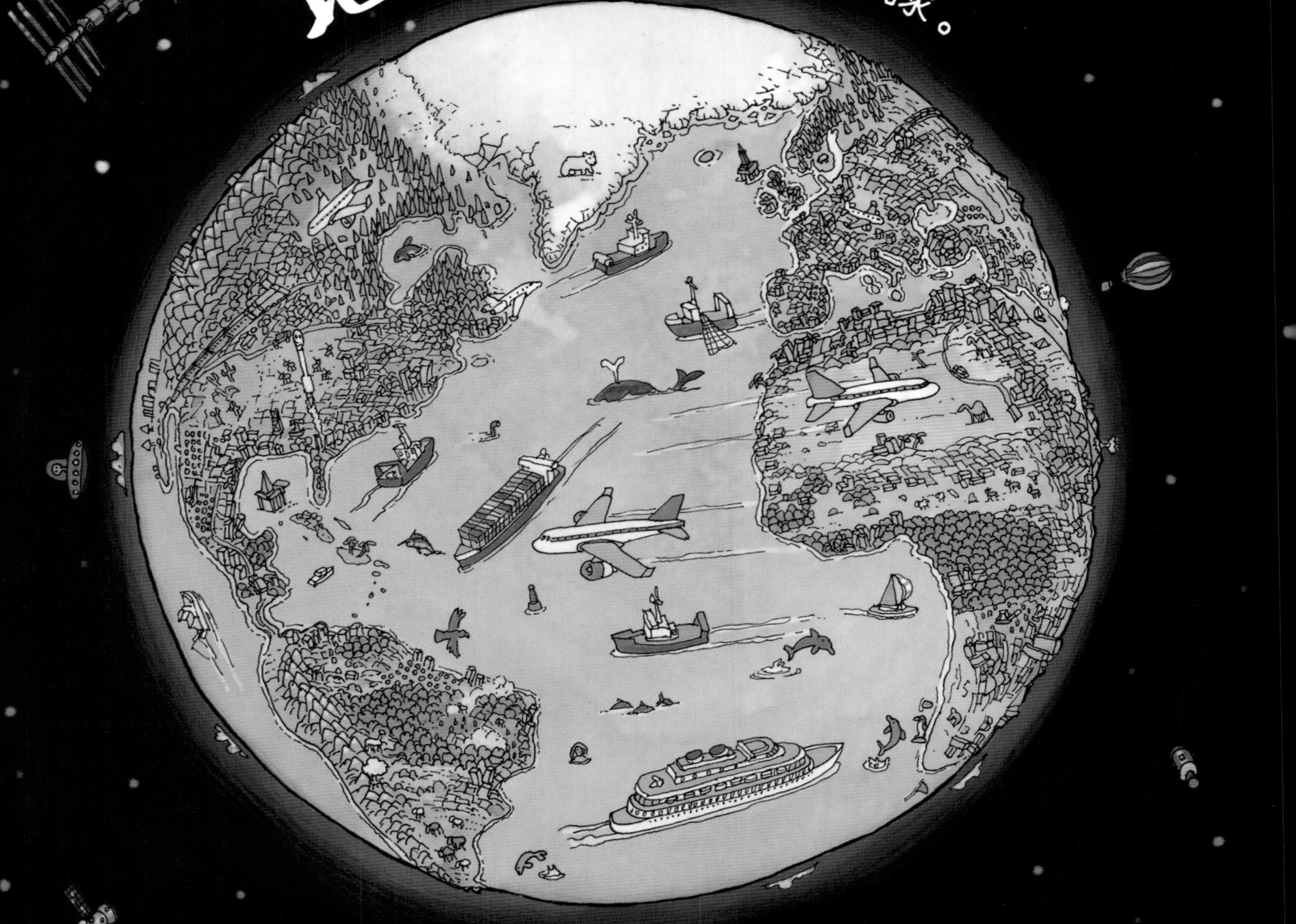

人口也不断增长。

预计到2050年，地球的总人口将达到97亿(9,700,000,000)。

全世界的粮食产量要增加约30%，才能养活如此众多的人。

如今，**集约化农业**

或**工厂化养殖**被广泛采用，

以满足人们不断增长的食物需求……

在一些富裕的国家，超市出售的大部分

肉、鸡蛋、水果、乳制品和**蔬菜**

都是以集约化农业或工厂化养殖的方式生产的。

集约化农业的效率非常高，因此生产出来的食物价格低廉。

集约化农业

不仅被发达国家**广泛采用**，

而且被推广到全世界越来越多的地方。

有些农场在同一片土地上，年复一年地只培育同一种农作物，
比如玉米、大豆、小麦，甚至专门种菠萝。这就是单一作物制。

这些农场采用最先进的

农业技术和革新措施，

使集约化农业的**单位产量**大大超过

其他耕作方式。

人们采摘豌豆，再把它们运送到工厂进行加工、冷冻和分装，
仅仅 150 分钟之内就能完成所有的工序。

利用**革新**措施，培育出玉米、小麦和水稻的**新型高产品种**，极大地增加了世界粮食产量。

普通小麦高约120厘米，而高产小麦高约60厘米。高产小麦的高度不仅有利于植株吸收营养，而且植株也不易被风吹倒，能使农民免遭损失。

化肥不断更新换代

促进了粮食增产，

大大提高了耕地的集中利用率。

化肥含有氮或磷，是植物生长所需的重要养分。

集约化农业的农作物生产会使用**杀虫剂和除草剂**，来防止害虫和杂草影响收成。

单一作物制的生产方式需要大量使用化肥、杀虫剂和除草剂。

集约化农业

不可避免地给自然环境**造成危害。**

虽然杀虫剂能促进农作物增产，但同时会杀死大量昆虫，其中也包括蜜蜂。而农作物需要蜜蜂为它们传授花粉。

如果化肥中的硝酸盐

被冲进河流湖泊，将会导致严重的后果。

溶解在水中的硝酸盐刺激水藻迅速生长。死亡的水藻滋养细菌，大量消耗水中的氧气，使鱼和其他水生生物难以生存。

过度使用化肥造成全球的

土壤危机。

与70年前相比，如今的食物已经越来越没有营养。

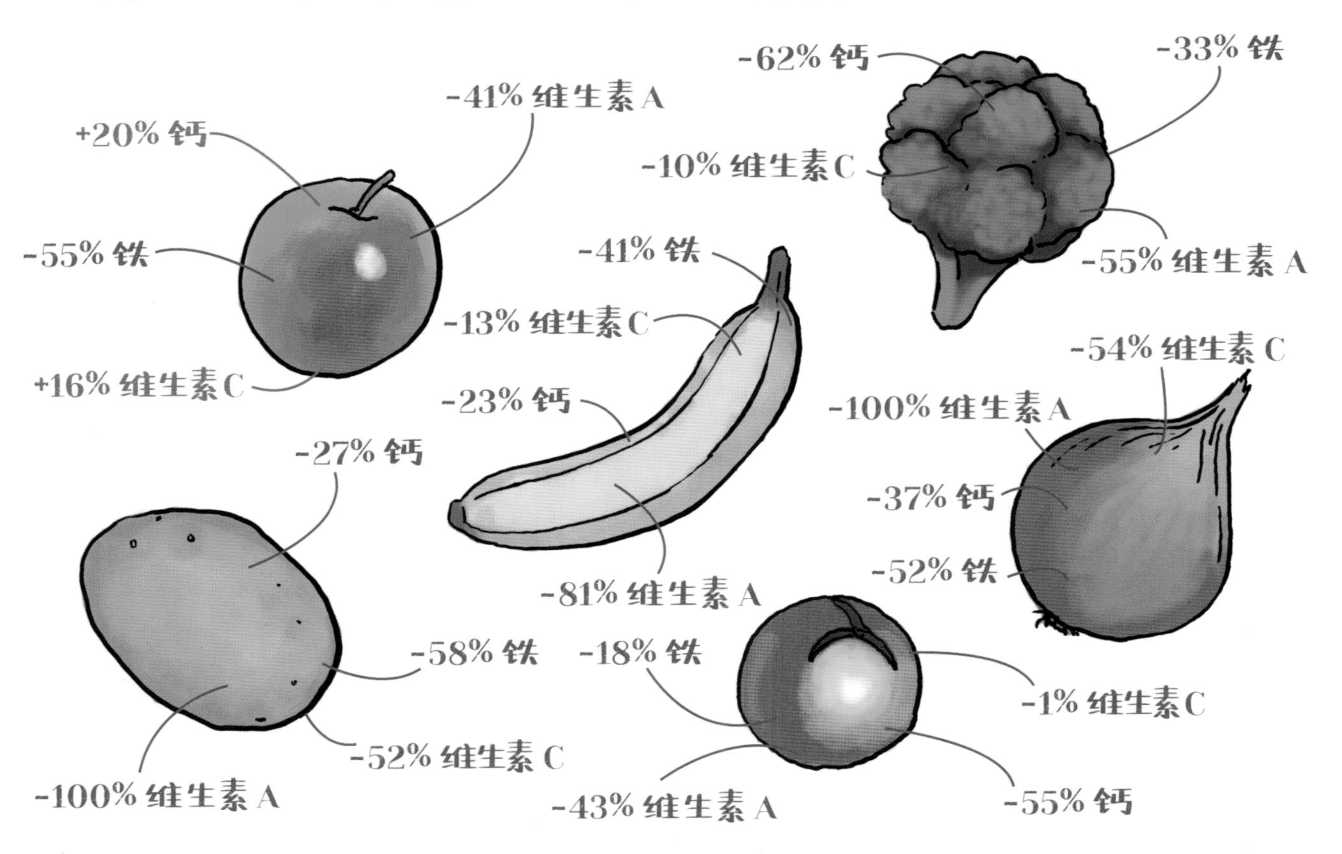

土壤中的养分不断流失，科学家预言我们也许只剩下60个收获期。

集约化农业还包括

用**工厂化饲养**的方式饲养动物，

比如**牛**、**猪**、**鸡**和**鱼**。

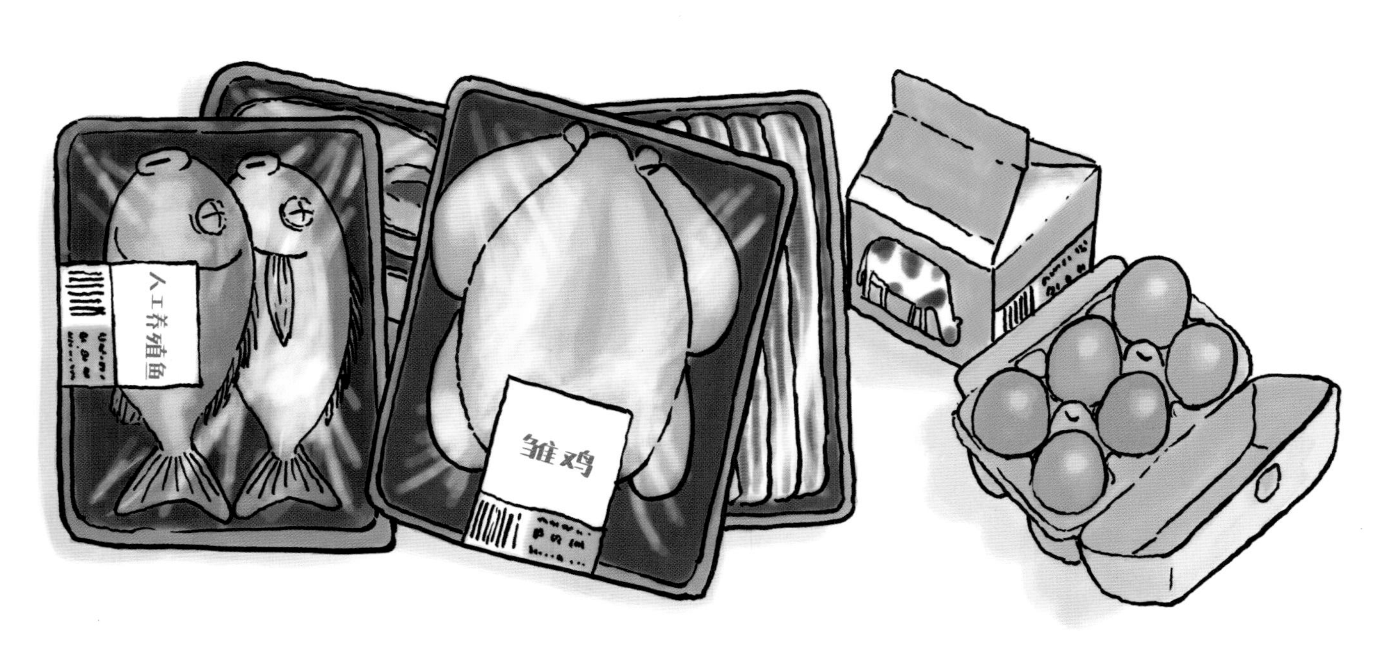

工厂化饲养的产品还包括更多的肉、蛋、奶等。

在**工厂化饲养**模式下，

动物的生存状况令人担忧。

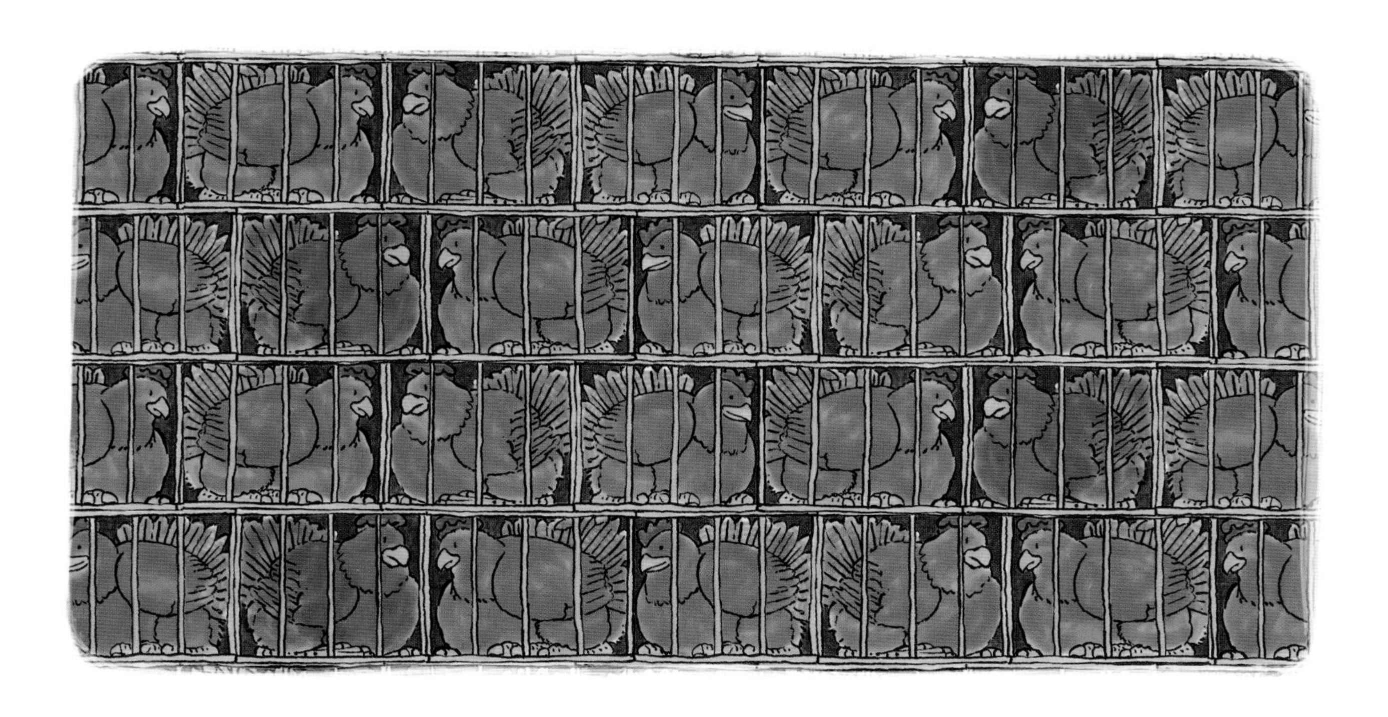

很多动物被关在狭小的空间里，比如猪在猪圈里挤成一团；大型温控室里，鸡被关在一排排小笼子里，甚至温控室的照明都是为了增加产量而设计的。

工厂化农场

使用大量的粪肥……

和施用化肥会导致硝酸盐积聚一样，粪肥里的氮也会破坏环境。在工厂化农场里，人们将液体粪肥洒在田地里，产生的硝酸盐的数量大大超出农作物的需求，无法被完全吸收。剩余的硝酸盐进入地表水中，也会渗入地下水中。

农场中饲养的牛会产生大量**甲烷**。

温室气体吸收来自地球的热量，再把热量辐射回来，从而使地球的气温变得越来越高。

牛打嗝和放屁，会排出甲烷。

甲烷是一种非常厉害的温室气体，将热量留在地球的大气层中，加速全球变暖。

因为动物被关在拥挤的环境里，

所以**工厂化农场**

就成为滋生病菌的温床。

为了治疗传染病或者预防疾病，人们给牛、猪和家禽等动物使用抗生素。为了刺激生长或者增加产量，即使是健康的动物也要使用这类药物。

在工厂化农场里，
频繁使用抗生素
导致细菌的耐药性不断升级。

抗生素可以杀死大部分有害细菌，但是无法消灭全部细菌。
耐药性强的细菌依然存活，并不断繁殖。
耐药性强的细菌进入食物链，人也会因此而生病。

过度使用抗生素导致具有耐药性的细菌增加，从而使抗生素对人和动物的疗效大幅降低。

过度捕捞，使野生鱼类的种群数量大大减少。
人工养殖鱼类帮助更多人填饱了肚子……

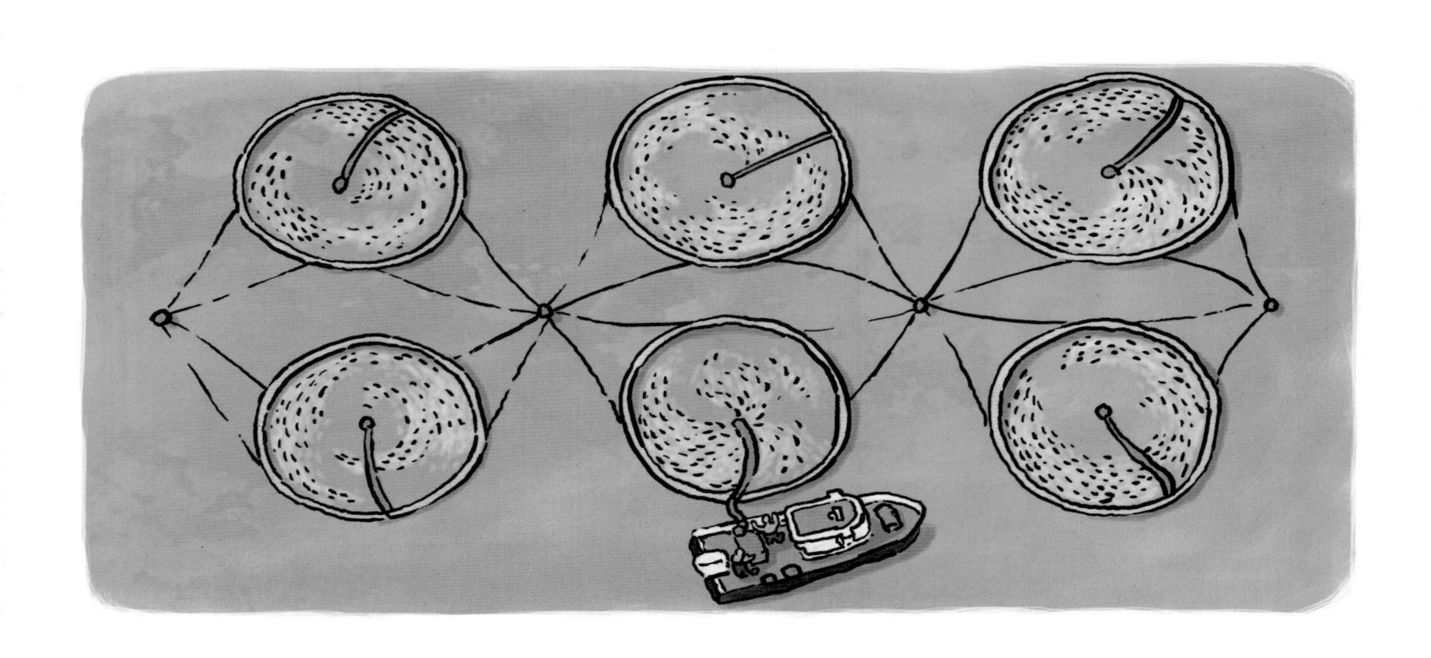

然而，**养鱼场**也让人们忧虑重重。

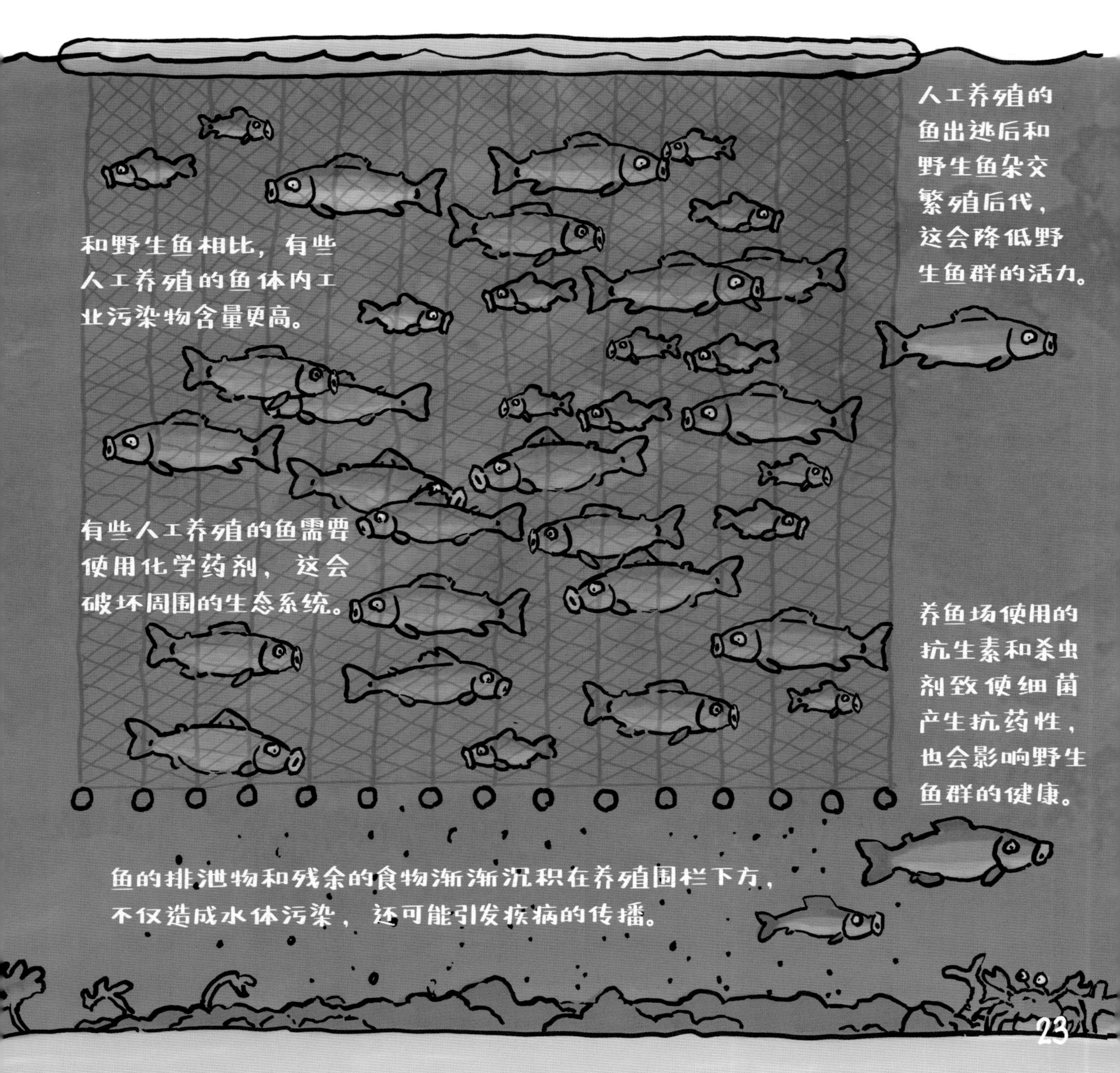
人工养殖的
鱼出逃后和
野生鱼杂交
繁殖后代，
这会降低野
生鱼群的活力。
和野生鱼相比，有些
人工养殖的鱼体内工
业污染物含量更高。
有些人工养殖的鱼需要
使用化学药剂，这会
破坏周围的生态系统。
养鱼场使用的
抗生素和杀虫
剂致使细菌
产生抗药性，
也会影响野生
鱼群的健康。
鱼的排泄物和残余的食物渐渐沉积在养殖围栏下方，
不仅造成水体污染，还可能引发疾病的传播。

水产养殖的动植物也包括水生有壳动物、水藻和海草。

在过去10年间，全世界约10%的红树林遭到破坏。
虾场

虽然人工养殖牡蛎和贻贝等有助于改善环境，但大多数的水产养殖方式，比如虾场等，会破坏沿海的生态。为了建造虾场，人们不惜大肆砍伐红树林。

集约化农业

不但会造成**土壤流失**，

还可能侵占野生动物的栖息地。

过度放牧破坏固定泥土的草皮。只要大风一吹，尘土就漫天飞扬。

为了扩大耕地面积，人们砍伐了天然的防风屏障，导致土壤不断被风吹走。

广袤的**雨林**也难逃厄运。

人们在**亚马孙雨林**放火开荒，

在清理出来的土地上饲养**牲畜，**

种植**农作物，**

比如种大豆，喂养鸡、猪和牛等动物。

人们还为了生产棕榈油和可可而破坏雨林。

为了开辟种植园而砍伐森林，

不仅导致野生动物死亡，

还增加了温室气体的排放量，

使气候变化加剧，

人类赖以生存的环境危机四伏。

动物失去天然的栖息地。多余的二氧化碳无法被树木吸收，引发气候变化。

虽然我们需要生产更多的粮食，

供养全世界的人口，

但是**工厂化农场**并不能解决问题。

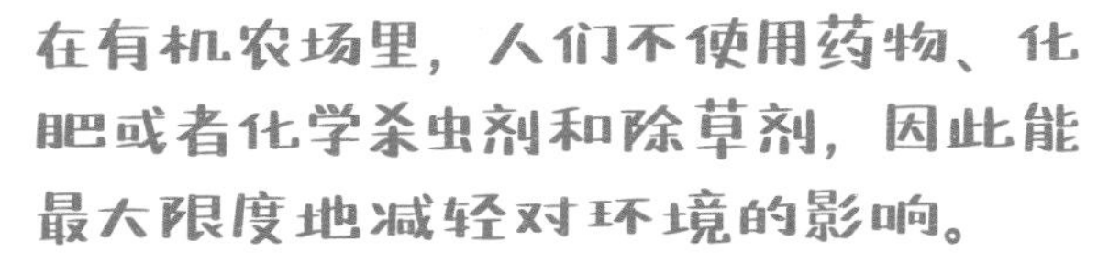

在有机农场里，人们不使用药物、化肥或者化学杀虫剂和除草剂，因此能最大限度地减轻对环境的影响。

如今，在全球约5亿家农场中，只有约10%属于工厂化农场，其余的农场都是由个人或者家庭经营管理的。

城镇里兴起的**城市农业**，
生产了约占全世界产量$\frac{1}{5}$的食物。

在城市有限的土地资源中，旧铁路沿线和废弃的建筑用地等荒弃的土地可以改造成农业用地。

每年都会涌现出新方法和新技术，
以解决全球人口的吃饭问题。

人们可以用无土栽培的方法，比如在加入营养液的水里种植农作物。用 LED 灯取代太阳光，植物即使在废弃的矿井里也能生长。土地面积有限已经不再是农业发展的阻碍，因为人们可以立体种植农作物。

词语释义

革新措施：指新的方法、思路或者生产工具。

养分：生命体成长和维持生命所必须的物质。

杀虫剂：杀死害虫的一种药剂。

除草剂：用来清除野草等无用植物的有毒药剂。

粪肥：用动物的粪便制成的肥料，用来给土地增加养分。

硝酸盐：一种化合物，常被用来制造化肥。

水产养殖：以食用为目的，在水中饲养动植物。

栖息地：一类特定的区域，是某种生物生活的家园。

牲畜：人类驯养的动物，一般在农场里大量饲养。

有机农场：对环境无害的农场，利用天然方法消灭害虫，使用动物粪便和废气植物制成的肥料。

技术：人类积累并在生产劳动中体现出来的经验和知识。

LED灯：一种节能灯。

我们的地球怎么了？

神奇的可再生能源

［英］奥利弗·韦斯特　［英］大卫·韦斯特　著绘　吕竞男　译

海豚出版社
DOLPHIN BOOKS
中国国际出版集团

本书地图系原书插附地图　审图号：GS（2021）925号

What on Earth is Renewable Energy

著作权合同登记号：图字 01-2021-4126号

图书在版编目（CIP）数据

我们的地球怎么了？. 神奇的可再生能源 / (英) 奥利弗·韦斯特, (英) 大卫·韦斯特著绘；吕竞男译. -- 北京：海豚出版社, 2022.1
ISBN 978-7-5110-4198-2

Ⅰ. ①我… Ⅱ. ①奥… ②大… ③吕… Ⅲ. ①环境保护－儿童读物 Ⅳ. ①X-49

中国版本图书馆CIP数据核字(2020)第268573号

我们的地球怎么了？**神奇的可再生能源**

［英］奥利弗·韦斯特　［英］大卫·韦斯特　著绘　吕竞男　译

出 版 人：王磊
选题策划：洛克博克
责任编辑：杨文建　白云
美术设计：暖暖
责任印制：于浩杰　蔡丽
法律顾问：中咨律师事务所　殷斌律师
出　　版：海豚出版社（北京市西城区百万庄大街24号）
电　　话：010-68996147（总编室）　010-53606996（发行部）
传　　真：010-68996147
印　　刷：北京利丰雅高长城印刷有限公司
开　　本：24开（889mm×1280mm）
印　　张：8
字　　数：120千
印　　数：1—8000
版　　次：2022年1月第1版　2022年1月第1次印刷
标准书号：ISBN 978-7-5110-4198-2
定　　价：120.00元（全6册）

目录

无论白天还是黑夜，
白天
黑夜
在地球上，我们每时每刻都在消耗能源。

能源就在我们身边，它的形式千变万化。

风有机械能。
太阳散发热能。太阳的能量可以转化成电能。
人们在家里可以使用电能。
15
12
汽车使用的汽油里包含化学能。

这些只是能源存在的众多方式中的几种方式。能源可以从一种形式转化为另一种形式。

我们使用可再生能源，
比如从风中
获取能量……
帆船依靠风能航行。

或者使用**不可再生能源**，

比如**化石燃料**。

有些船的发动机使用汽油（一种改良的化石燃料）作为能源，驱动船只前进。

石油、天然气和煤炭都是化石燃料，它们藏在地壳的深处，需要经过几百万年甚至上亿年才能形成。

植物死亡后会腐烂，变成泥炭，并在地下高温和压力的作用下变化形成煤炭。

煤炭是由远古时代的植物形成的，有些植物生活的时代比恐龙还早。

石油和天然气的形成

与生物沉积有关。

这些生物中有一部分是微小的浮游生物，

它们曾经生活在

恐龙时代的大海里。

死去的浮游生物沉到海床后，被压在一层层泥沙之下，热力和压力逐渐将这些泥沙变成岩石，石油和天然气在这一过程中逐渐形成了。

化石燃料属于

不可再生能源，

因为它们被人类消耗的速度太快，

根本来不及补充。

交通工具的发动机，家里的炉灶和暖气，还有发电厂，都在使用化石燃料。

化石燃料燃烧时释放的

二氧化碳会进入**地球**的大气层。

对于环境来说，这可是一个坏消息。

大气里的二氧化碳可以防止我们的星球变冷。但如果二氧化碳过多，会导致地球温度不断升高，冰盖渐渐融化，海平面上升，极端天气越来越频繁地出现。这些都威胁着脆弱的地球生态系统。

我们可以大致测算出人类释放到大气中的

二氧化碳的总量。

这就叫作**碳足迹**，

用以衡量人类活动对环境的影响。

如果改用**可再生能源**，

我们就能减少**碳足迹**。

只有这样，**地球**家园才能变得

更加安全和健康。

做为能够不断反复使用的能源，

可再生能源的五种形式分别是：

生物质能
太阳能
水能

来自太阳的太阳能。

阳光
二氧化碳
养料
水
氧气
绿色植物在阳光的帮助下，将水和二氧化碳转化成高能量的养料和氧气。

植物利用**太阳能**生产养料。

太阳一个小时送来的**能源**，就可以满足**地球**上人类一整年的需求。

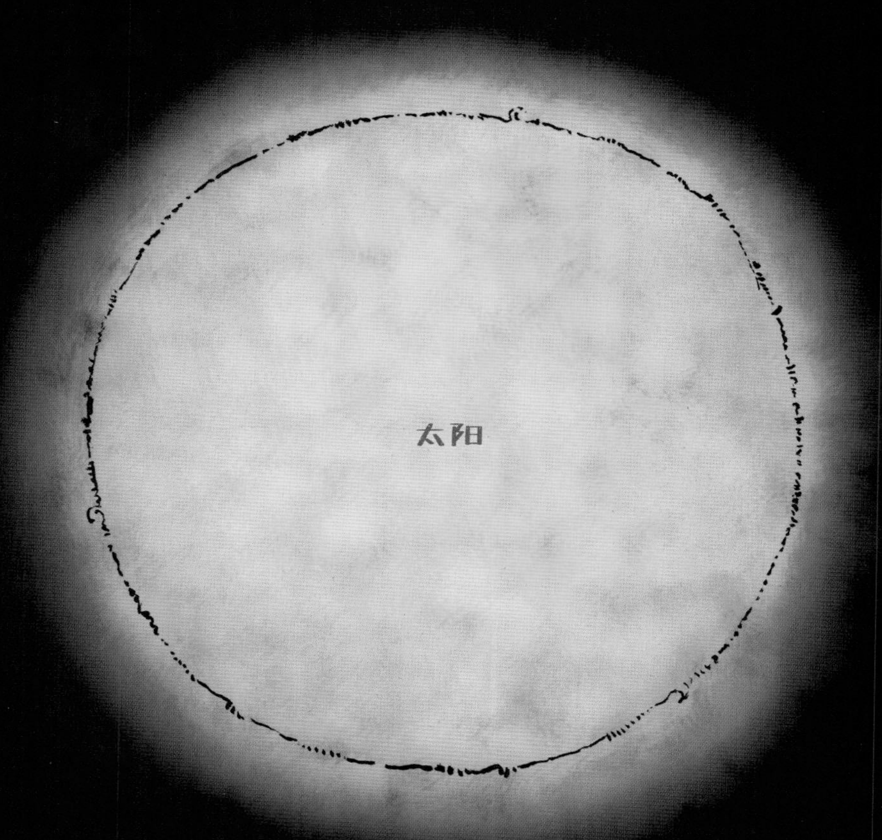

地球

我们有很多利用太阳能的方法。

我们可以利用太阳能光伏电池或反射镜，把太阳能转化成电能。

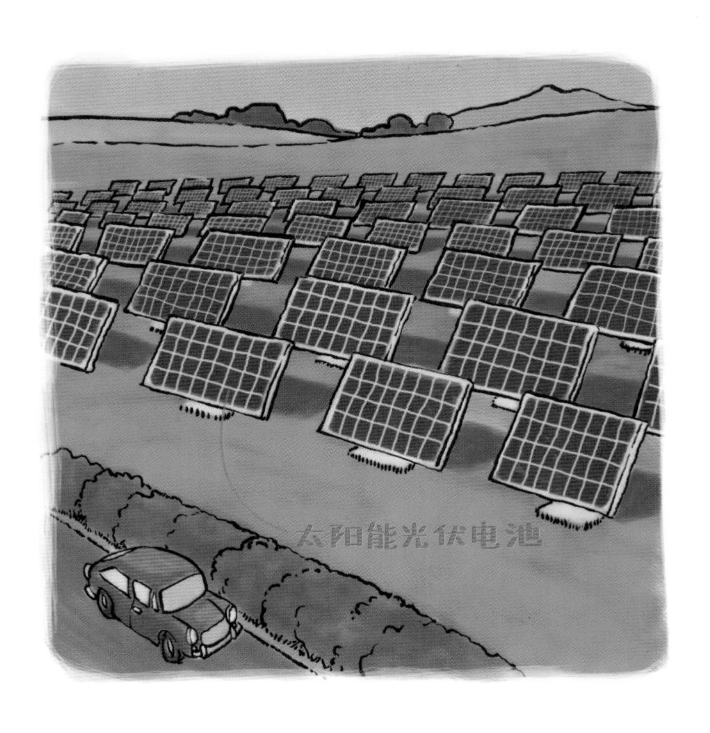

太阳能光伏电池可以把太阳能转化成电能。

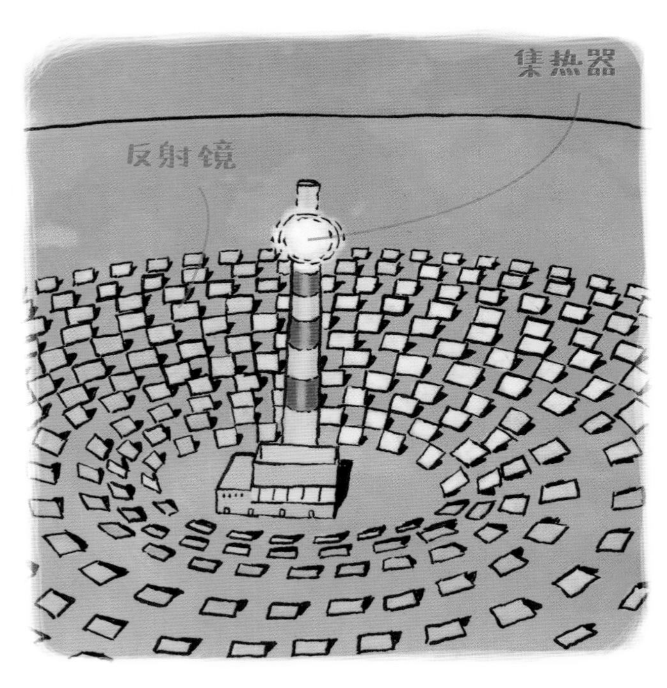

太阳能发电厂利用反射镜将太阳光反射到集热器上，从而驱动热力发动机工作。

我们还可以利用太阳的热能烹饪食物、加热冷水。

烹饪时，太阳能灶将太阳的热能聚集到锅底。

太阳能热水器收集太阳的热能，加热水箱里的水，再用水泵将水输送到房间里。

我们利用**风能**的历史已经有几千年了。

风，可以作为**帆船**航行的动力……

磨坊利用风将

谷物磨成粉……

风力泵还能从

深井里抽水。

如今，我们使用扇叶长度超过50米的巨型**风力发电机**把**风能**转化为**电能**。

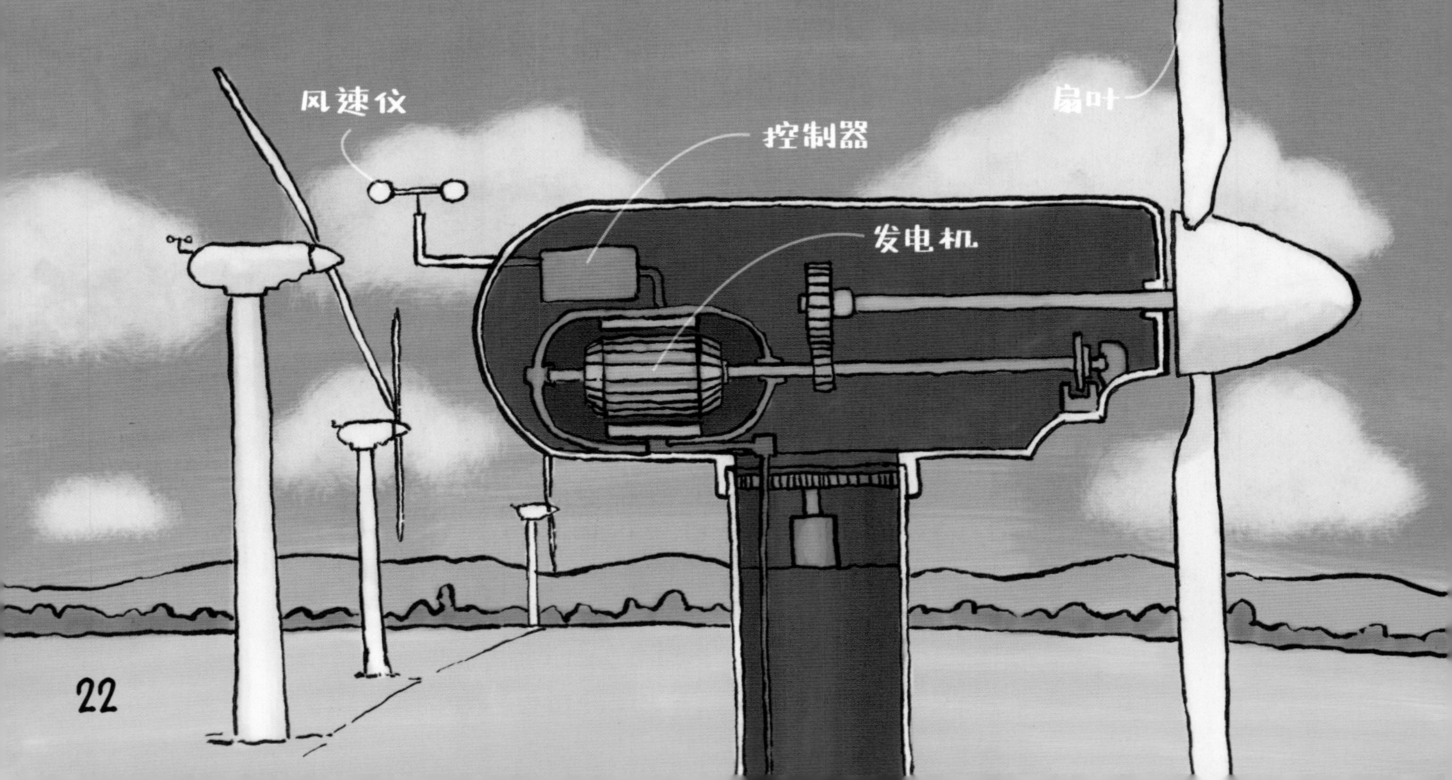

和利用**风能**一样，

人们对来自河流和瀑布的**水能**的利用

也已经有几千年的历史了。

水车将河流的水能转换成旋转的动能，推动石磨等机器转动。

大坝堪称人类建筑物中的庞然大物。

它们拦截河流，

以形成上游的蓄水池（调节水库）。

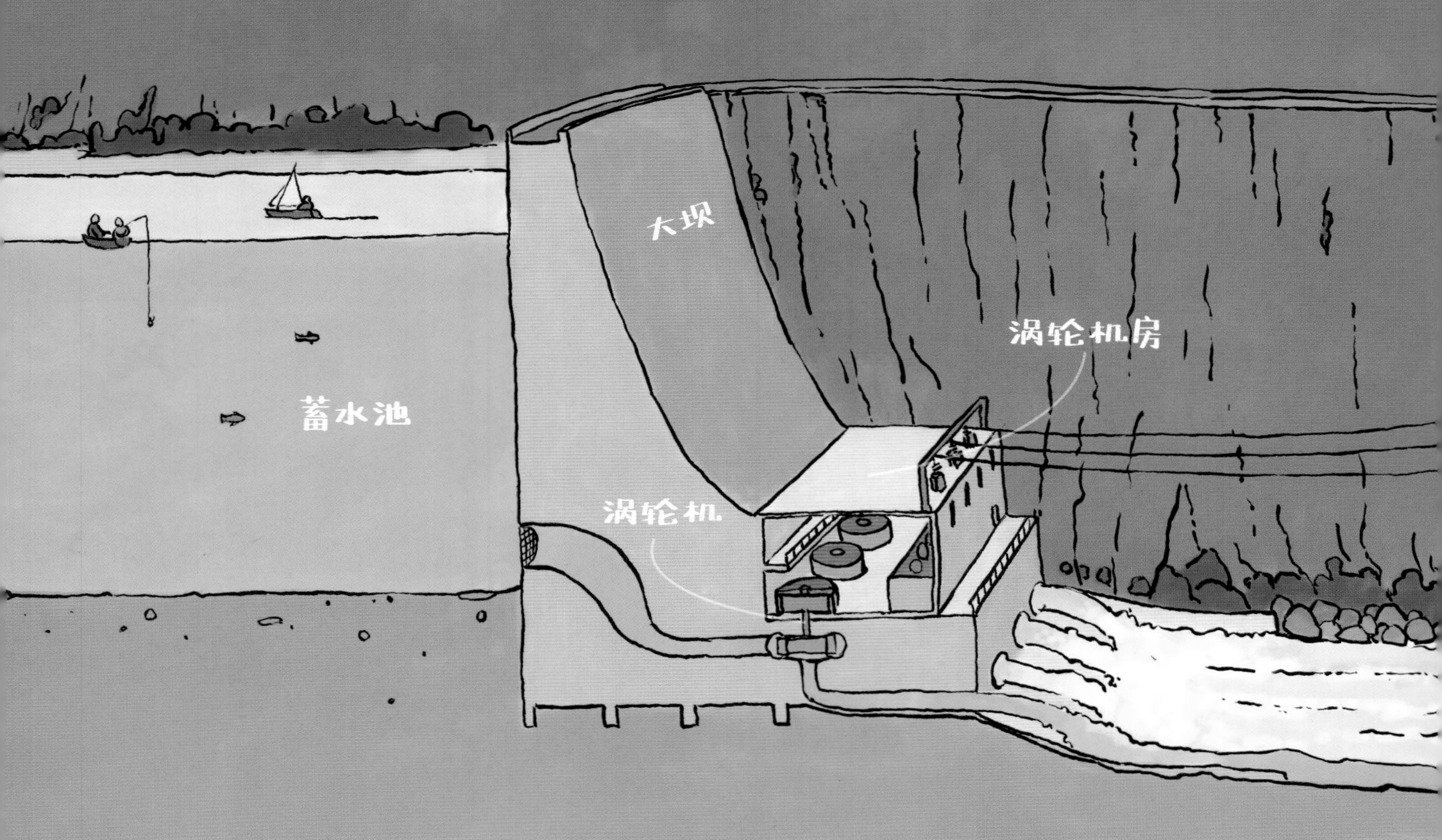

蓄水池形成的水压带动涡轮机，将动能转化成电能。

我们还利用**潮汐**的水流运动**发电**。

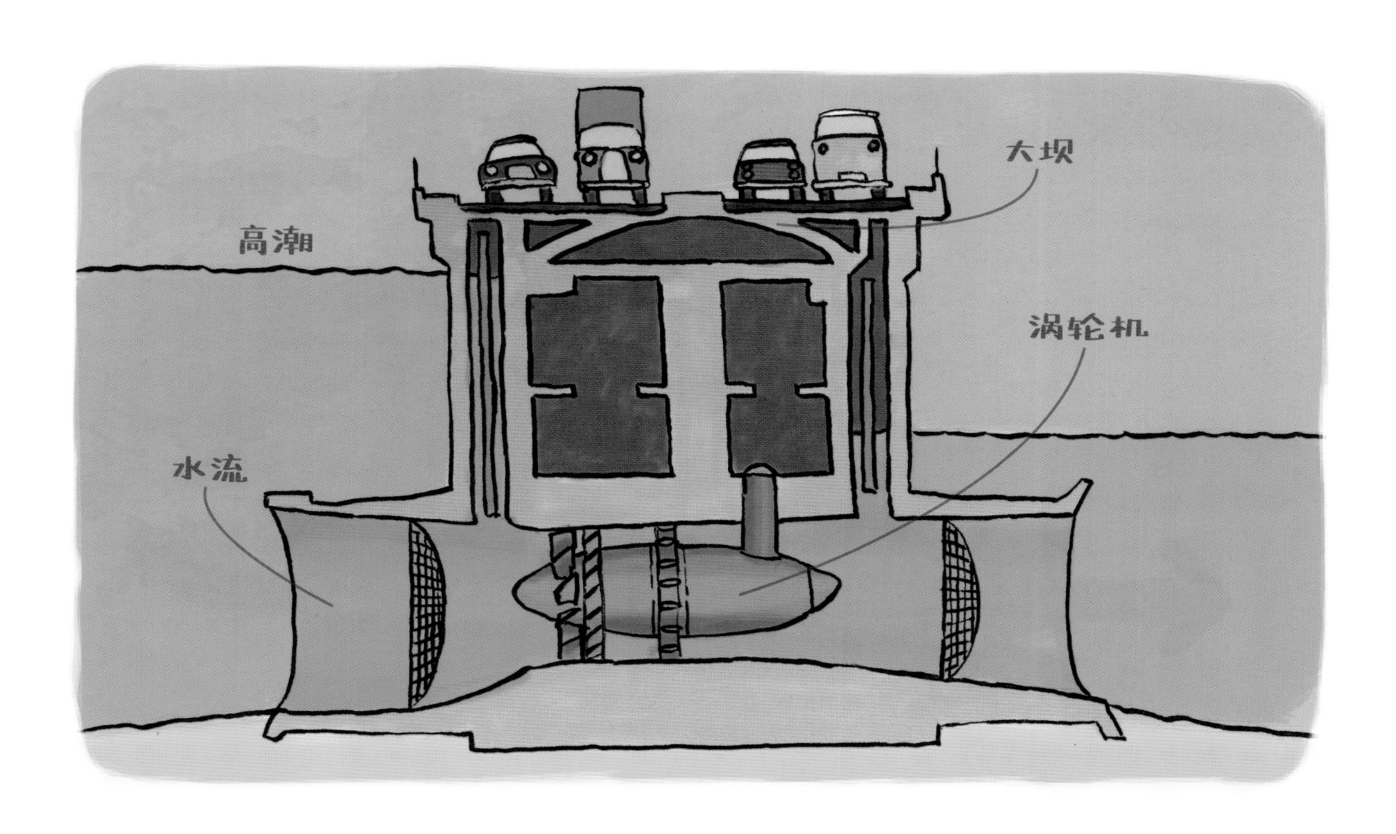

水流通过涡轮机，动能被转化成电能。

地热能利用的是地壳内的热能。

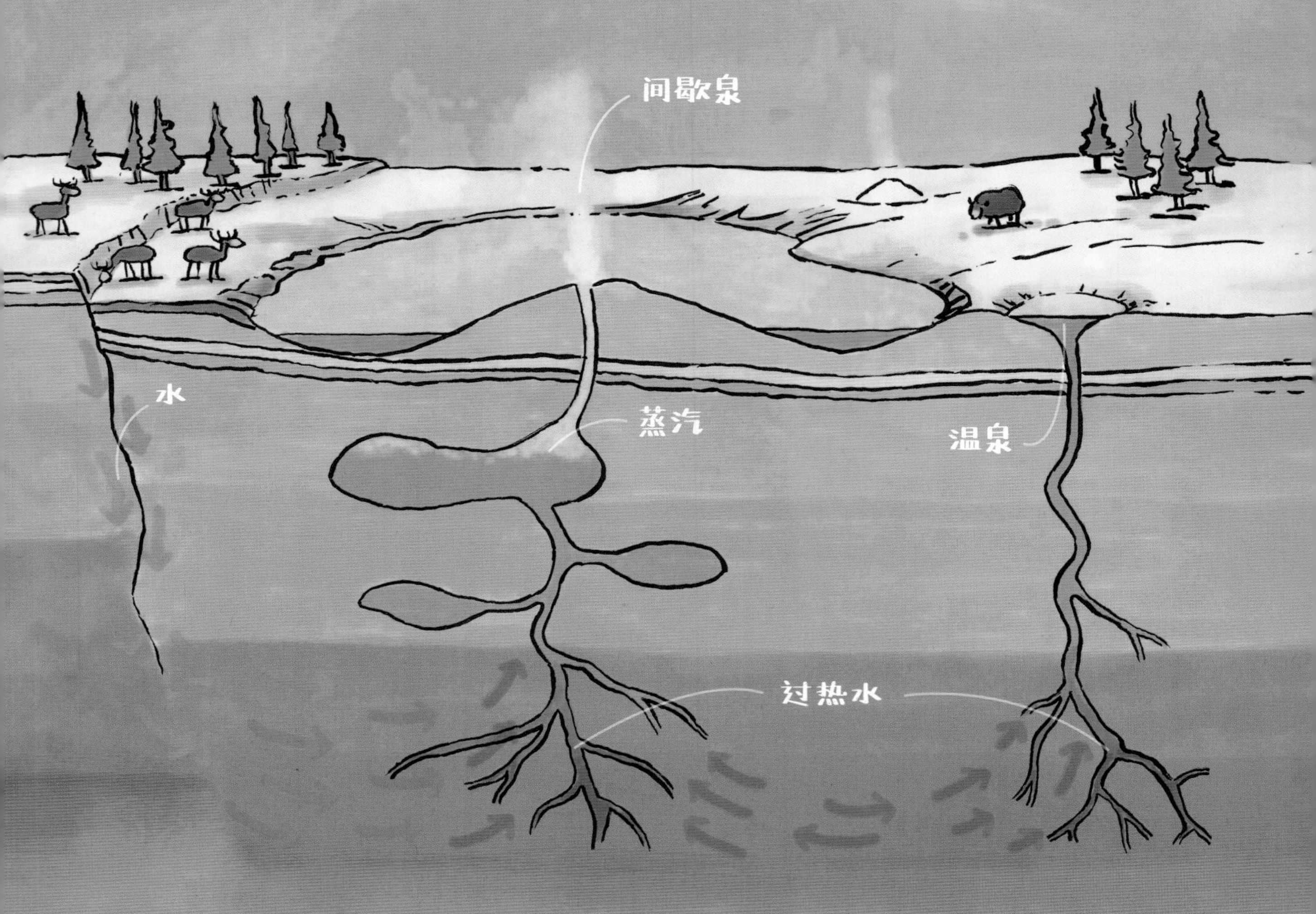

水渗入热岩中，再化作蒸汽返回地面，形成天然温泉和间歇泉。

地热发电厂

使用**蒸汽涡轮发电机**

将热岩中的能源转化成**电能**。

输出电流

泵

蒸汽

蒸汽涡轮发电机

泵

冷水

水可以从岩石的裂缝中流过。

热岩

植物等有机物中包含的生物质能也可以被转化成电能。

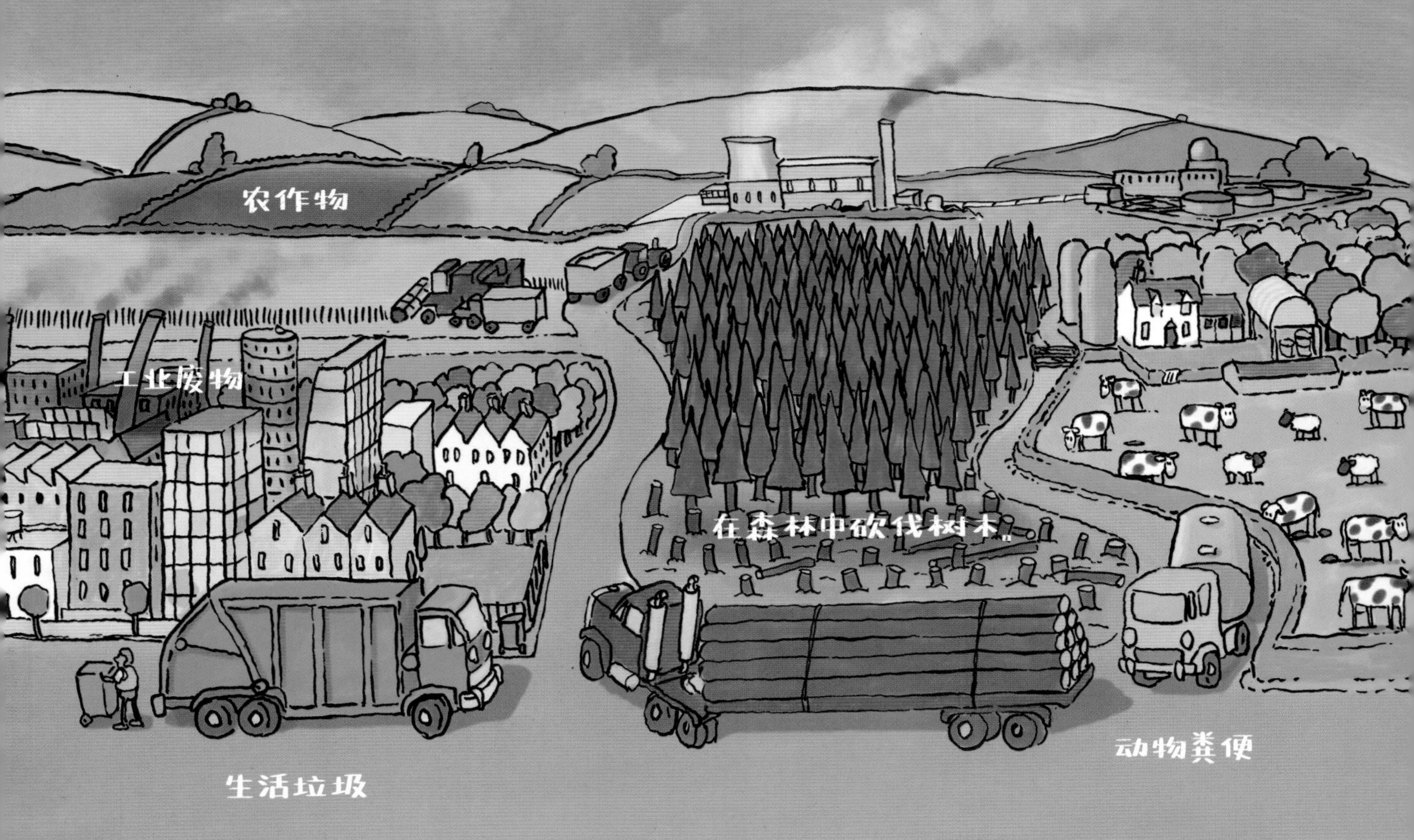

生物质能发电厂依靠燃烧植物、动物的粪便和生活垃圾等有机物来发电。

人们倾倒的垃圾会产生**甲烷**，

而甲烷也可以用来**发电**。

玉米或者甘蔗等农作物

可以制成**生物燃料**，供汽车使用。

可再生能源的局限和碳中和

如果没有风，风力发电机就不能发电。

夜幕降临后，太阳能发电厂无法再转化太阳能。

人们正在依靠技术进步解决这些问题。比如西班牙的一家太阳能发电厂可以利用白天储存的能源日夜不停地发电。

中国在积极实施碳中和。通过植树造林、节能减排等形式，抵消生产生活中产生的二氧化碳，实现二氧化碳的“零排放”。

词语释义

化石：古代生物的遗体、遗物埋藏在地下，演变成的类似石头的东西。

二氧化碳：地球大气中天然存在的无色气体。它是一种导致全球变暖的温室气体。

冰盖：面积广且非常厚的冰雪层，绝大部分位于南北极地区。

生态系统：生物群落中的各种生物之间，以及生物和周围环境之间相互作用构成的整个体系。

太阳能光伏电池：把太阳能转变为电能的装置。

涡轮机：配有扇叶的机器，可以将蒸汽、快速流动的水的能量转化成电能。

热力发电机：把热能转变为机械能，然后再转变为电能的机器。

有机物：一种重要的化合物，是生命产生的物质基础。

甲烷：一种影响力强的温室气体。

生物燃料：由可再生的动植物制成的燃料。

技术：人类积累并在生产劳动中体现出来的经验和知识。

零排放：经济活动中控制污染排放的一种理论，即禁止向环境排放污染物以解决环境污染问题。

碳中和：计算二氧化碳的排放总量，通过植树等方式把这些排放量吸收掉，以达到环保目的的活动。

我们的地球怎么了？

气候变暖很可怕

[英]奥利弗·韦斯特 [英]大卫·韦斯特 著绘 吕竞男 译

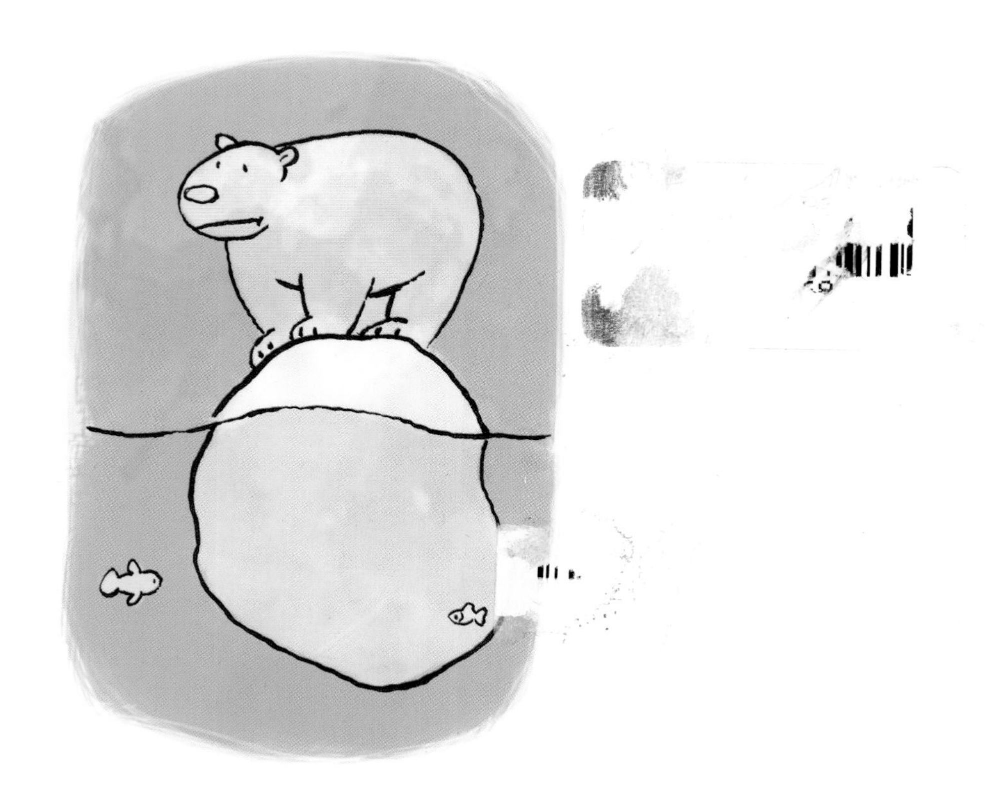

海豚出版社
DOLPHIN BOOKS
CIPG 中国国际出版集团

本书地图系原书插附地图 审图号：GS（2021）925号

著作权合同登记号：图字 01-2021-4126号

图书在版编目（CIP）数据

我们的地球怎么了？. 气候变暖很可怕 / (英) 奥利弗·韦斯特, (英) 大卫·韦斯特著绘；吕竞男译. -- 北京：海豚出版社, 2022.1
ISBN 978-7-5110-4198-2

Ⅰ. ①我… Ⅱ. ①奥… ②大… ③吕… Ⅲ. ①环境保护－儿童读物 Ⅳ. ①X-49

中国版本图书馆CIP数据核字(2020)第268580号

我们的地球怎么了？气候变暖很可怕
[英]奥利弗·韦斯特 [英]大卫·韦斯特 著绘 吕竞男 译

出 版 人：王磊
选题策划：洛克博克
责任编辑：杨文建 白云
美术设计：暖暖
责任印制：于浩杰 蔡丽
法律顾问：中咨律师事务所 殷斌律师
出　　版：海豚出版社（北京市西城区百万庄大街24号）
电　　话：010-68996147（总编室） 010-53606996（发行部）
传　　真：010-68996147
印　　刷：北京利丰雅高长城印刷有限公司
开　　本：24开（889mm×1280mm）
印　　张：8
字　　数：120千
印　　数：1—8000
版　　次：2022年1月第1版 2022年1月第1次印刷
标准书号：ISBN 978-7-5110-4198-2
定　　价：120.00元（全6册）

目 录

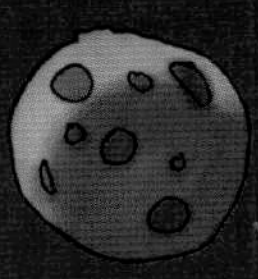

这里是我们的家园，

行星——地球。

我们的家园与**太阳**在宇宙中

和谐共处。

太阳的热量

给我们的家园送来**温暖**。

有些**热量**被反射出去，

有些热量留在

云层和**大气**中。

一部分热量被云层和大气反射出去离开了

一部分热量留在云层和大气中。

一部分热量被海洋吸收。

在我们的**星球**上，

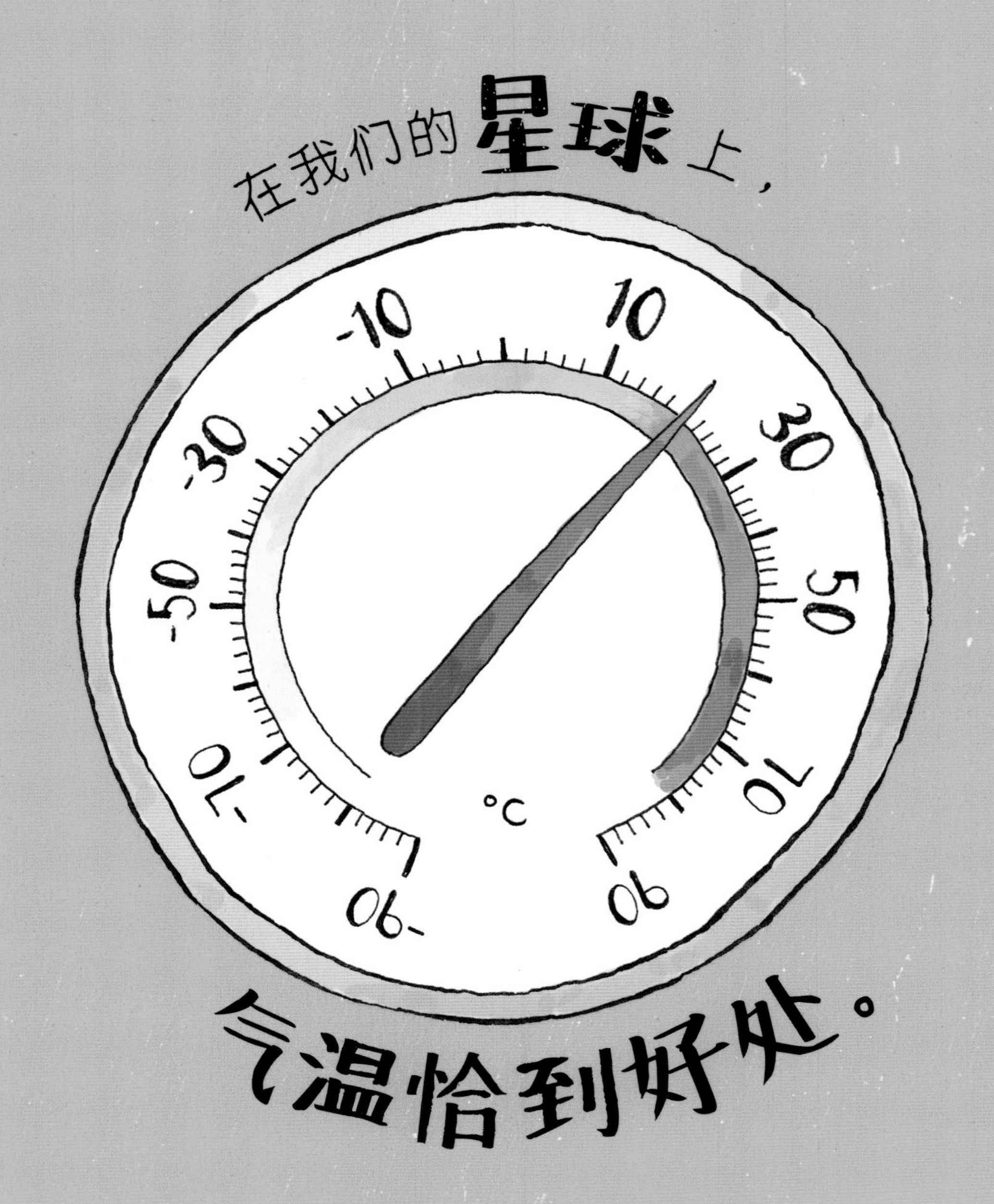

气温恰到好处。

最佳的气温……

有利于所有的生物保持**快乐**和**健康**。

今天你**出门**时

天气暖和吗？阳光明媚吗？

还是天寒地冻、大雨倾盆呢？

今天**天气**怎么样？快出门看一看吧。

有时在一天之内，**天气**也会变化无常。

气候和天气可不是一回事。

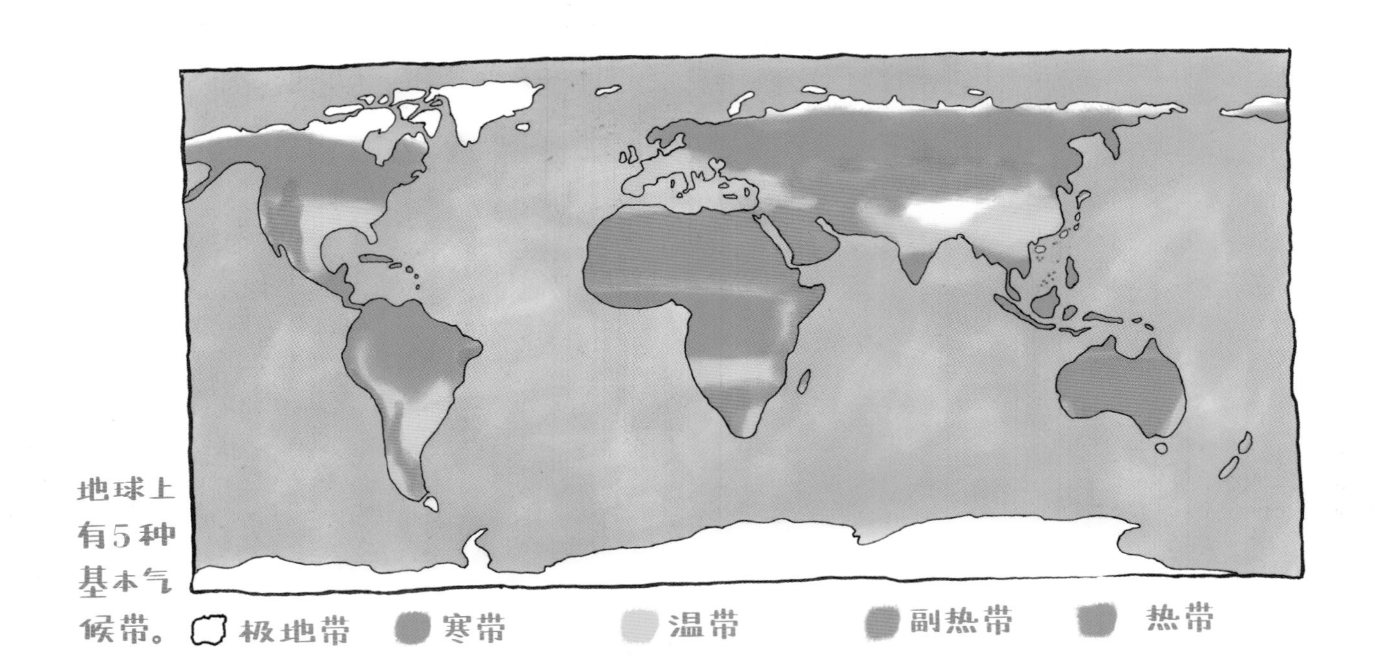

地球上有5种基本气候带。

一个地区在过去**30多年**间天气的平均状况，就是我们所说的气候。

如果**地球**失去**平衡**，

气候就会发生改变。

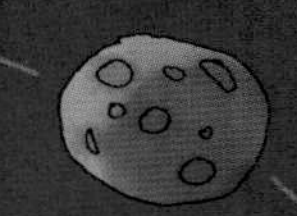

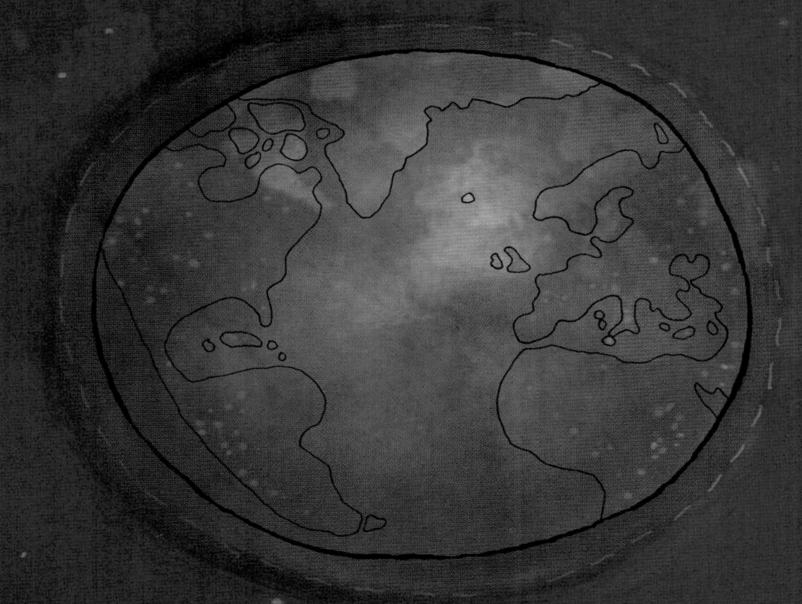

地球的气候

曾经发生过许多次变化。

地球上曾经有**气温格外高**的时候，

被称为“**热室地球**”时代。

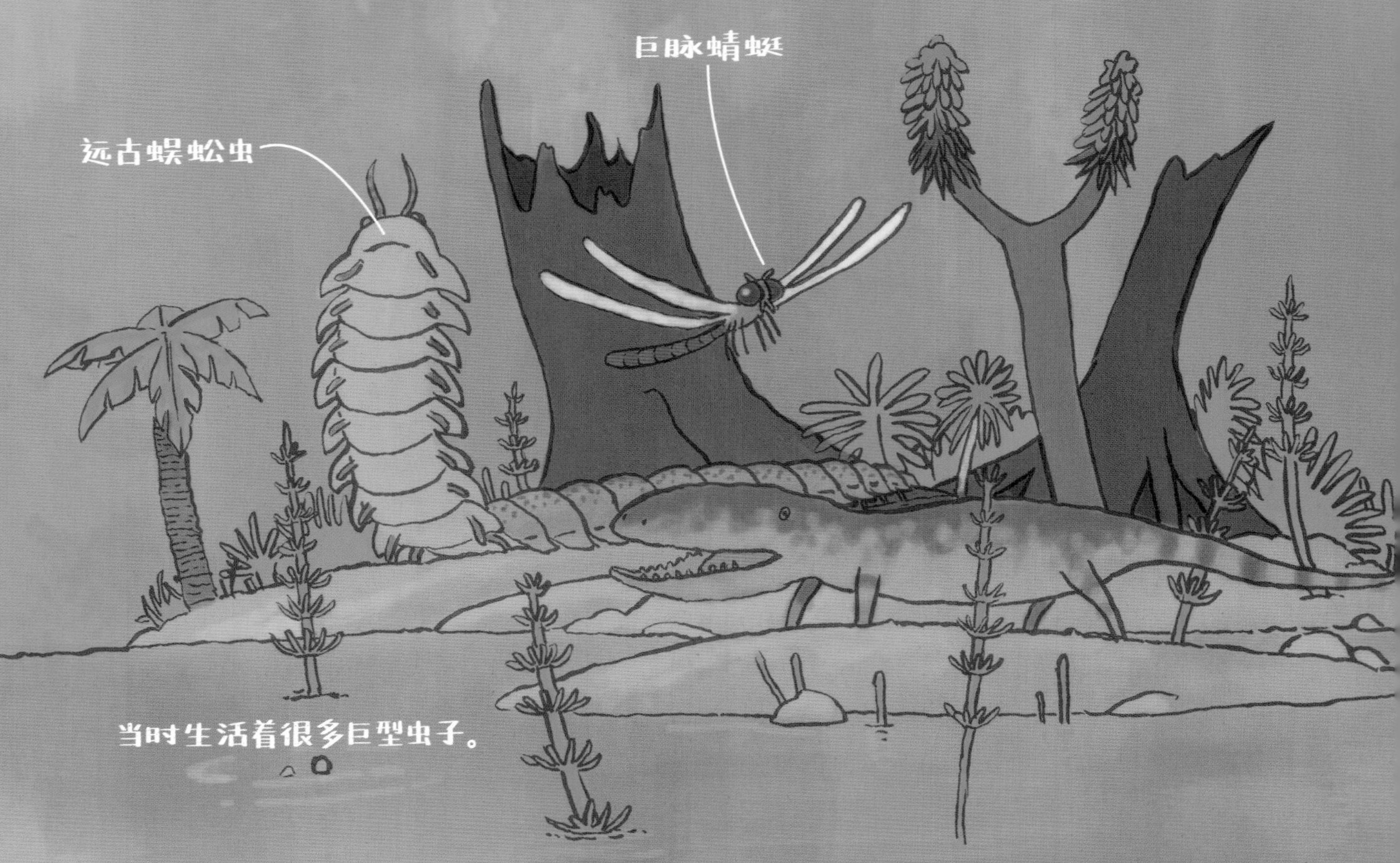

当时生活着很多巨型虫子。

石炭纪（约3.59亿—约2.99亿年前）早期，全球平均气温高达20摄氏度，而如今只有约15摄氏度。

地球上也有气温格外低的**冰河期**，

被称为“**冰室地球**”时代。

在冰河期，很多哺乳动物都
长着厚厚的毛皮，用来保暖。

猛犸

披毛犀

人类先祖

地球最后一个主要的冰河期开始于约260万年前。
那时的平均气温只有约11摄氏度，比今天可冷得多呢！

在导致**地球气候**发生改变的因素中，

有些属于**自然因素**，比如，

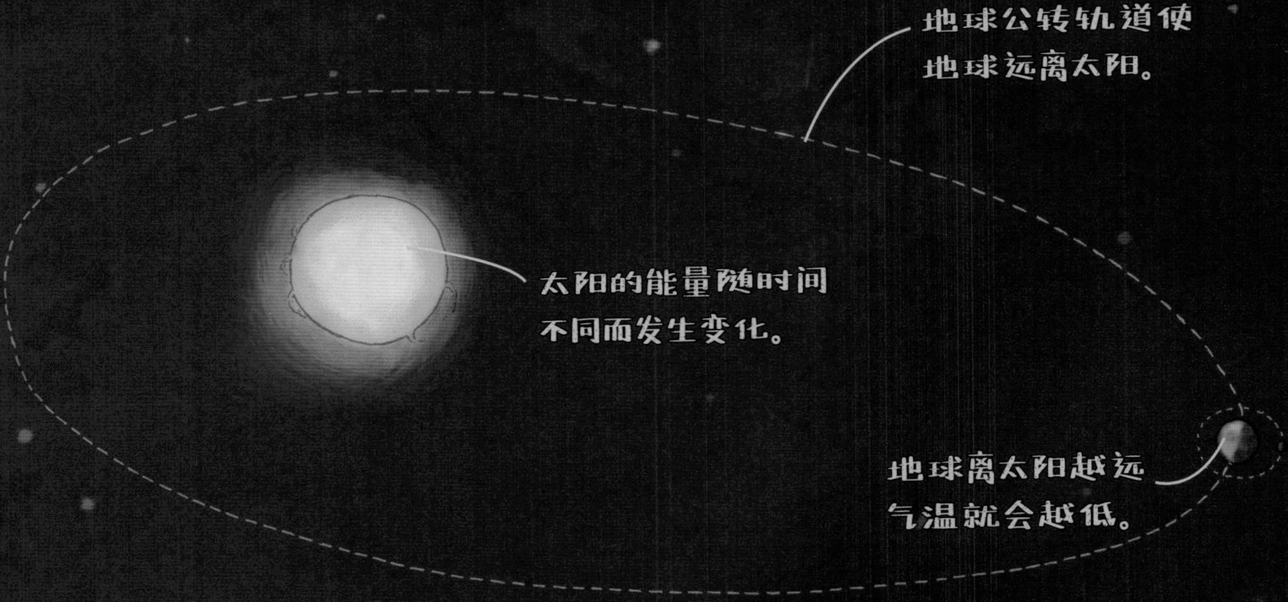

地球公转轨道使
地球远离太阳。

太阳的能量随时间
不同而发生变化。

地球离太阳越远
气温就会越低。

地球公转的**轨道**发生变化，

或者**太阳的能量**发生变化……

地壳运动引起火山爆发……

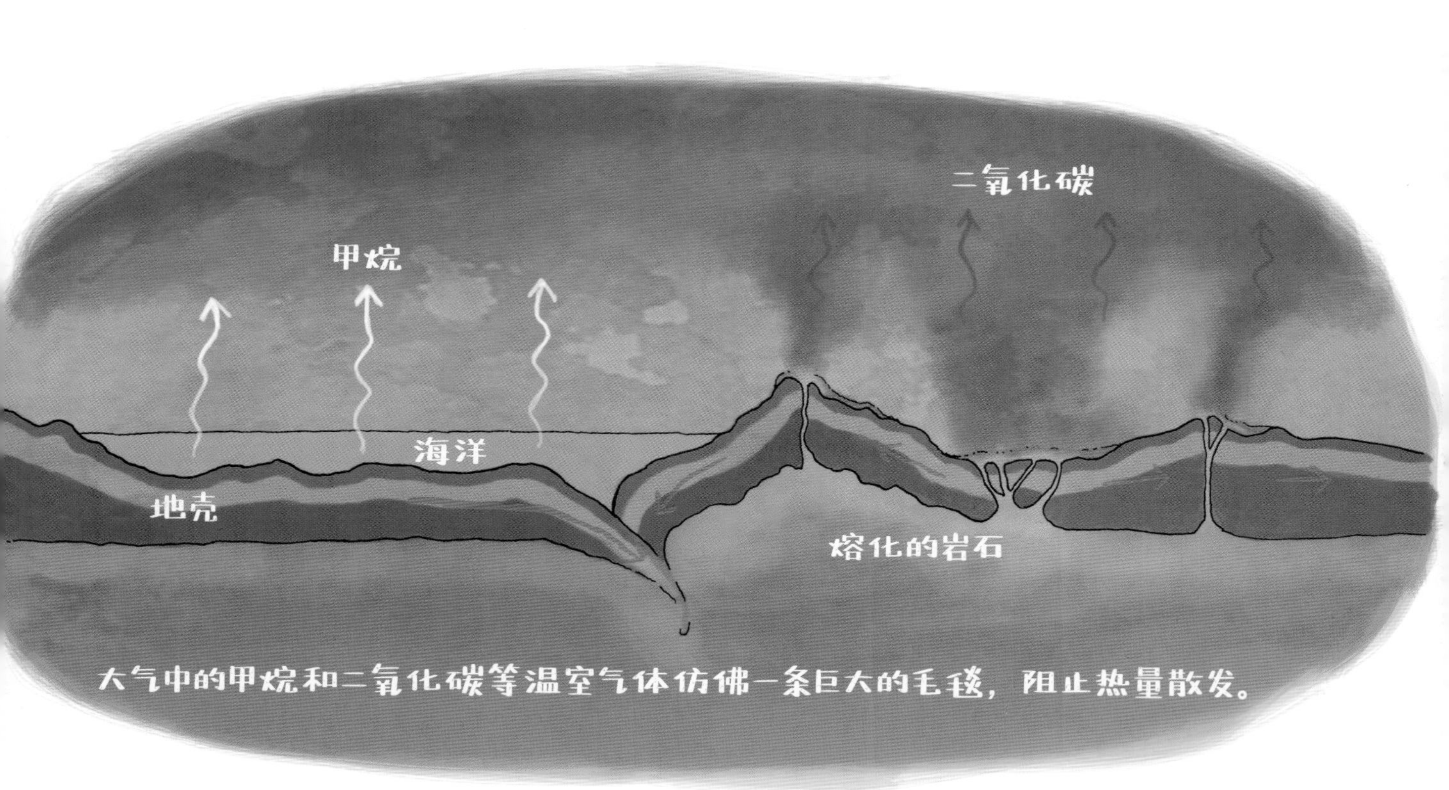
二氧化碳
甲烷
海洋
地壳
熔化的岩石
大气中的甲烷和二氧化碳等温室气体仿佛一条巨大的毛毯，阻止热量散发。

海洋也会释放积攒的**温室气体**

到大气中。

气候的剧烈变化会给生物带来灾难性的影响，它们不得不在极端的变化中**挣扎着**适应新环境。

约6 500万年前，一颗巨大的小行星撞击地球，导致气候剧烈变化，恐龙极有可能因此而灭绝。

正因为恐龙灭绝了，
哺乳动物才生存下来。

人类活动导致温室气体不断增多，破坏了地球的生态平衡。

比如，燃烧**化石燃料**……

还有，大量砍伐森林。
森林能从大气中
吸收二氧化碳。
森林遭到砍伐，意味
着越来越多的二氧化
碳留在大气中。

集约化农业也会带来问题……

牛的消化过程会产生甲烷，这些甲烷会被排放到空气中。

像**牛**这样的牲畜会排放**甲烷**，甲烷是效力很强的**温室气体**。

垃圾填埋场在处理垃圾的过程中，也向大气中释放**甲烷**。

垃圾中腐烂的有机物会产生甲烷，
甲烷通过通风口排放到大气中。

温室气体就好比温室花房的保温玻璃墙，让地球变得暖乎乎……

这就是为什么它被称为温室效应的原因。

可是，如果温室气体过多，地球就要热过头啦……

这会加速

冰盖和冰川融化，

然后导致……

海平面升高；

洪水在大量低地上

泛滥成灾。

寒带的**永冻层**正在融化，

释放出更多的**温室气体**，

使**温室效应**不断加剧。

因为冰不断融化，

被**反射**出去的太阳的热量也会不断减少，

所以**地球**就变得更热。

随着地球升温，天气的特征将发生变化……

威力更大的暴风雨来袭，
更多地区遭受旱灾困扰，
越来越多的动植物种类面临灭绝的危险。

我们怎样才能阻止**地球**过度升温呢？

要想减少**温室气体**的排放，

我们可以驾驶**电动车**……

使用更多的可再生能源……

可再生能源是地球上的天然能源，比如风能、太阳能、水能和地热能等。

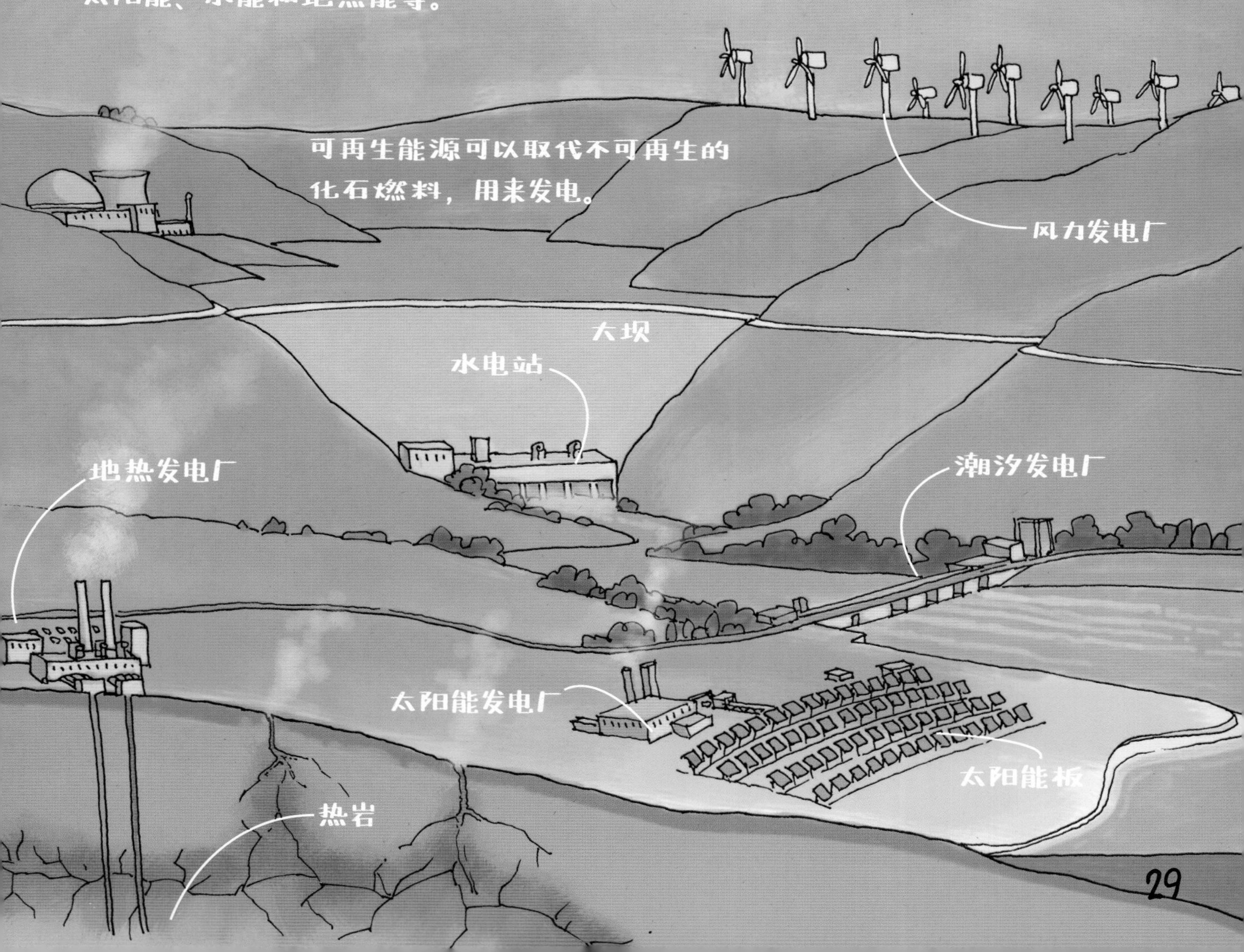

哪怕是**回收**废物和**种植**树木之类的小事也能帮上忙……

将厨余垃圾和废料等进行专门的处理，就不会留在垃圾填埋场里生出甲烷，其中一部分可以转化成肥料。

只要树越来越多，就可以吸收更多的二氧化碳。

给牛的食物里添加海藻，减少它们的甲烷排放量。

这些措施可以让我们的**地球**变得更好。

词语释义

大气：包围地球的气体，是干燥空气、水汽、微尘等的混合物。

吸收：把外界的某些物质吸到内部。

热带：赤道两侧南北回归线之间的地带，炎热多雨。

公转轨道：行星、航天器等物体围绕恒星、行星运行的路线。

甲烷：一种影响力强的温室气体。

二氧化碳：地球大气中天然存在的无色气体。它是一种会导致全球变暖的温室气体。

适应：为了满足新环境的要求而做出调整改变。

灭绝：在地球上曾经出现，目前不再存在。

集约化农业：在有限土地范围内精耕细作，以生产更多的农产品。

效力：能够产生影响或者效果的力量。

我们的地球怎么了？

受伤的海洋在哭泣

[英]奥利弗·韦斯特 [英]大卫·韦斯特 著绘 吕竞男 译

海豚出版社
DOLPHIN BOOKS
CIPG 中国国际出版集团

本书地图系原书插附地图　审图号：GS（2021）925号

What on Earth is Happening To Our Oceans

著作权合同登记号：图字 01-2021-4126号

图书在版编目（CIP）数据

我们的地球怎么了？. 受伤的海洋在哭泣 / (英) 奥利弗・韦斯特, (英) 大卫・韦斯特著绘；吕竞男译. -- 北京：海豚出版社, 2022.1
ISBN 978-7-5110-4198-2

Ⅰ. ①我… Ⅱ. ①奥… ②大… ③吕… Ⅲ. ①环境保护 - 儿童读物 Ⅳ. ①X-49

中国版本图书馆CIP数据核字(2020)第268582号

我们的地球怎么了？受伤的海洋在哭泣
[英]奥利弗・韦斯特　[英]大卫・韦斯特　著绘　吕竞男　译

出 版 人：王磊
选题策划：洛克博克
责任编辑：杨文建　白云
美术设计：暖暖
责任印制：于浩杰　蔡丽
法律顾问：中咨律师事务所　殷斌律师
出　　版：海豚出版社（北京市西城区百万庄大街24号）
电　　话：010-68996147（总编室）　010-53606996（发行部）
传　　真：010-68996147
印　　刷：北京利丰雅高长城印刷有限公司
开　　本：24开（889mm × 1280mm）
印　　张：8
字　　数：120千
印　　数：1—8000
版　　次：2022年1月第1版　2022年1月第1次印刷
标准书号：ISBN 978-7-5110-4198-2
定　　价：120.00元（全6册）

目录

地球是一颗湿漉漉的行星。

大约71%的面积被水覆盖。

* 澳洲：澳大利亚大陆的通称，广义指大洋洲。

地球上的**四大洋**，
对于我们来说意义重大。

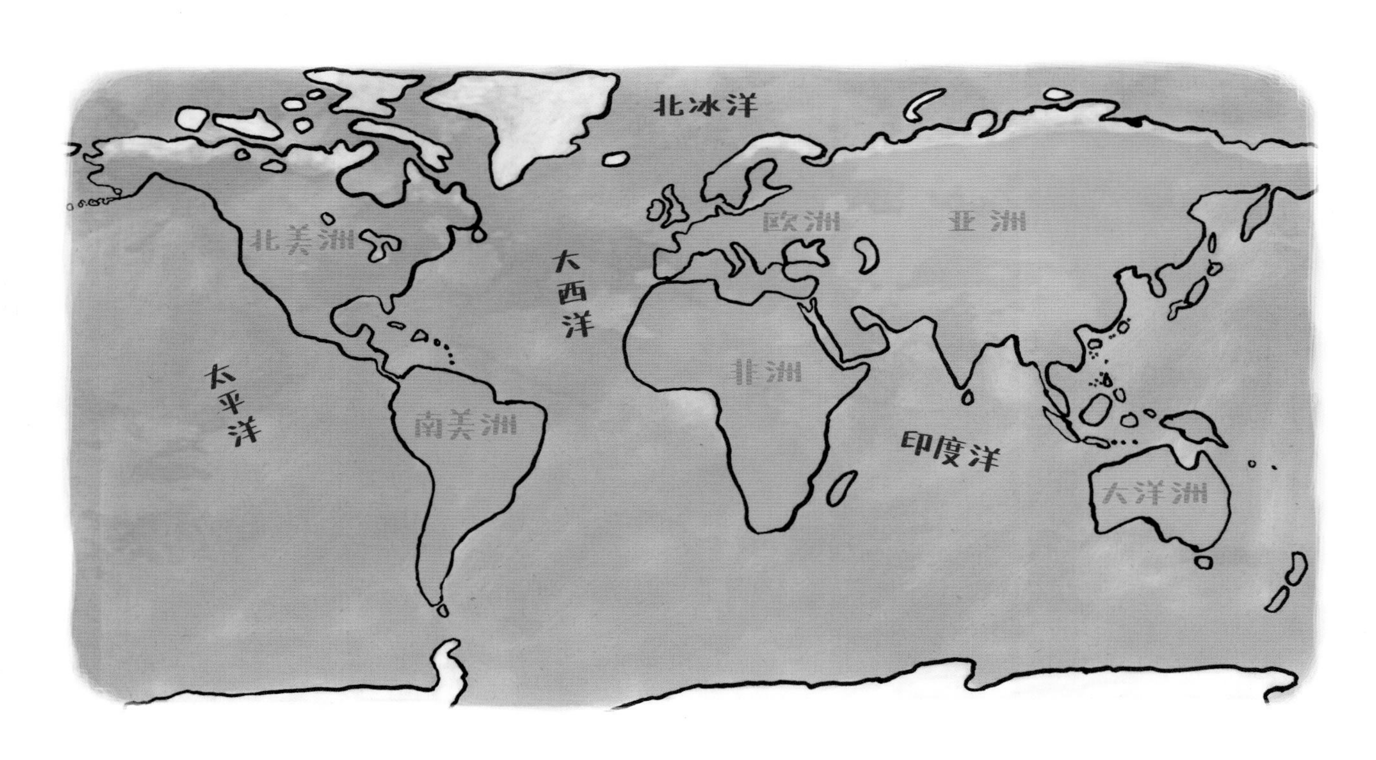

超过**90%**的海洋生物生活在四大洋之中。

海洋十分重要。它们可以吸收多余的热量，从而调节**地球的气候**；海洋生成的氧气量约占全球**氧气**总量的**70%**。

海洋中的浮游生物吸收二氧化碳（CO_2），产生氧气（O_2）。

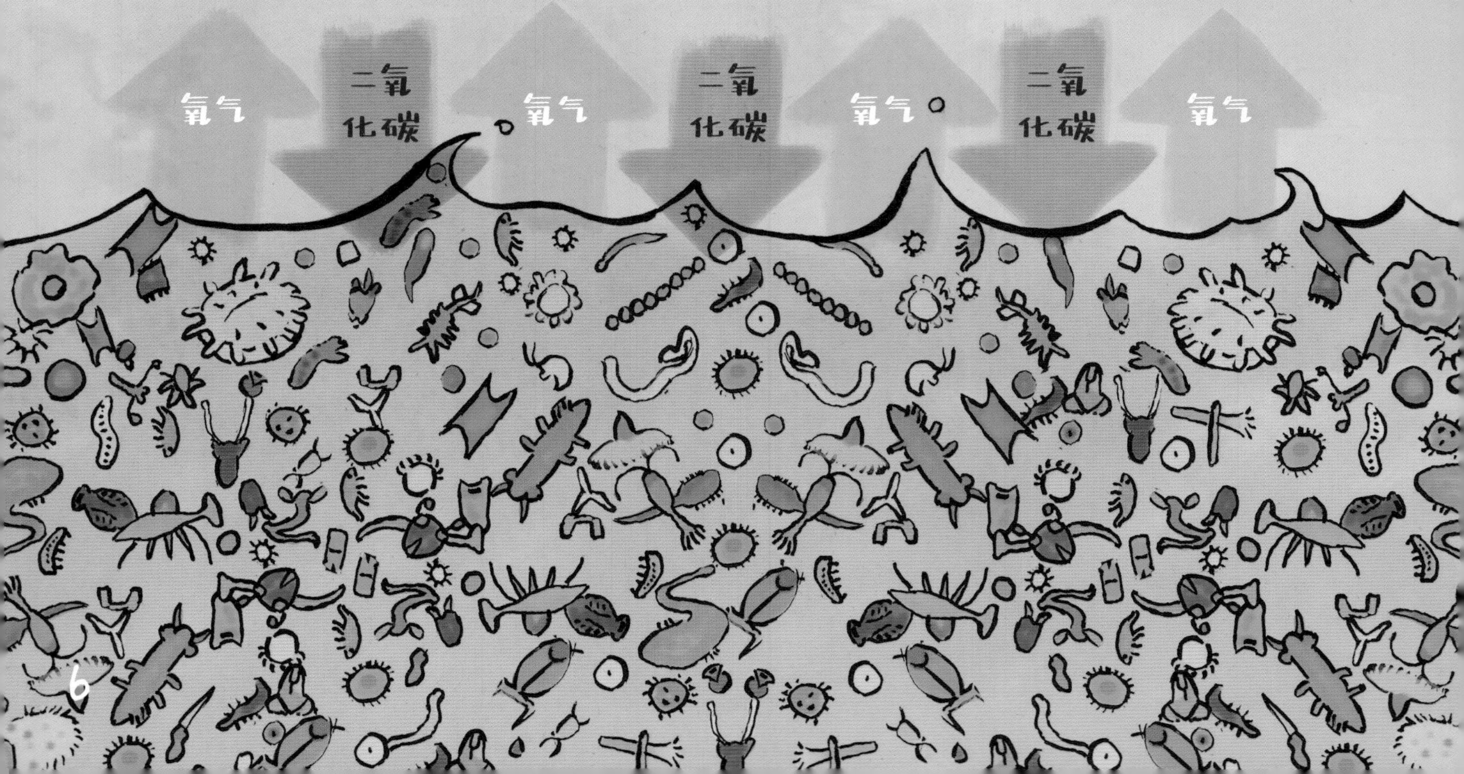

然而，我们的**海洋**正陷入困境，

对海洋影响最严重的就是人类的活动。

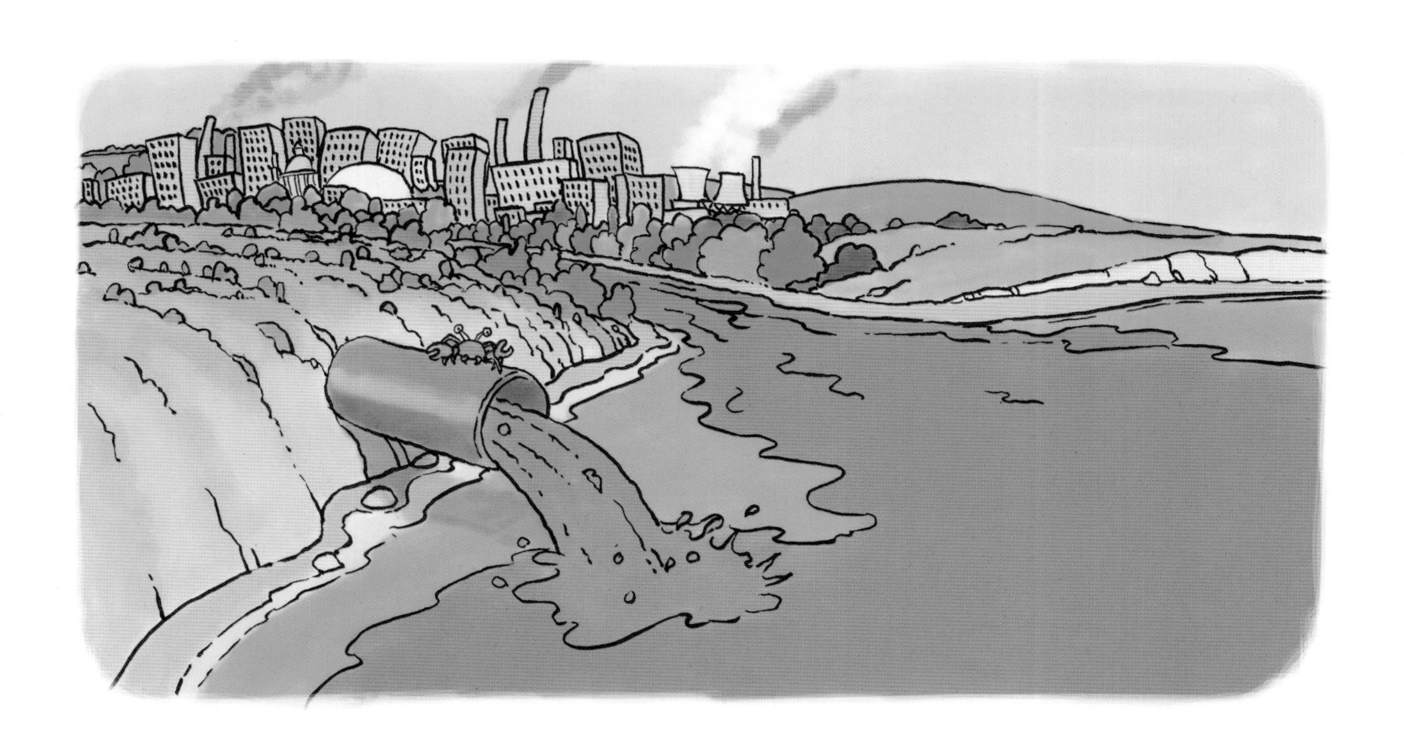

约80%的海洋污染物来自陆地，它们从各种下水道、排水管流进江河，最终流入海洋。

化肥、污水和有毒金属等

污染物不断流入海洋，

导致种种恶果……

汞等有毒金属从火力发电厂、金矿和污水管道中流入大海，又积聚在海洋动物体内，最终被人类吃进肚子里。

汞中毒……

珊瑚正在消失……

未经处理的污水严重威胁珊瑚的生存。对珊瑚来说，污水中的病毒和细菌具有致命的危害。污水还能促进海藻生长，导致珊瑚因缺氧而窒息、死亡，

进而形成“死亡区”。

河水流经田野，把化肥带入大海。在化肥的滋养下，藻类植物大量繁殖，夺走水中的氧气，把一片片海域变成海洋生物难以生存的“死亡区”。

塑料是海洋中数量最多的污染物。

每年，全球范围内在近 30 厘米左右宽的海岸线上，
就有整整几袋子的垃圾会进入海洋中。

被**洋流**聚集在一起的垃圾，

形成巨大的**海洋垃圾带**，四处漂流。

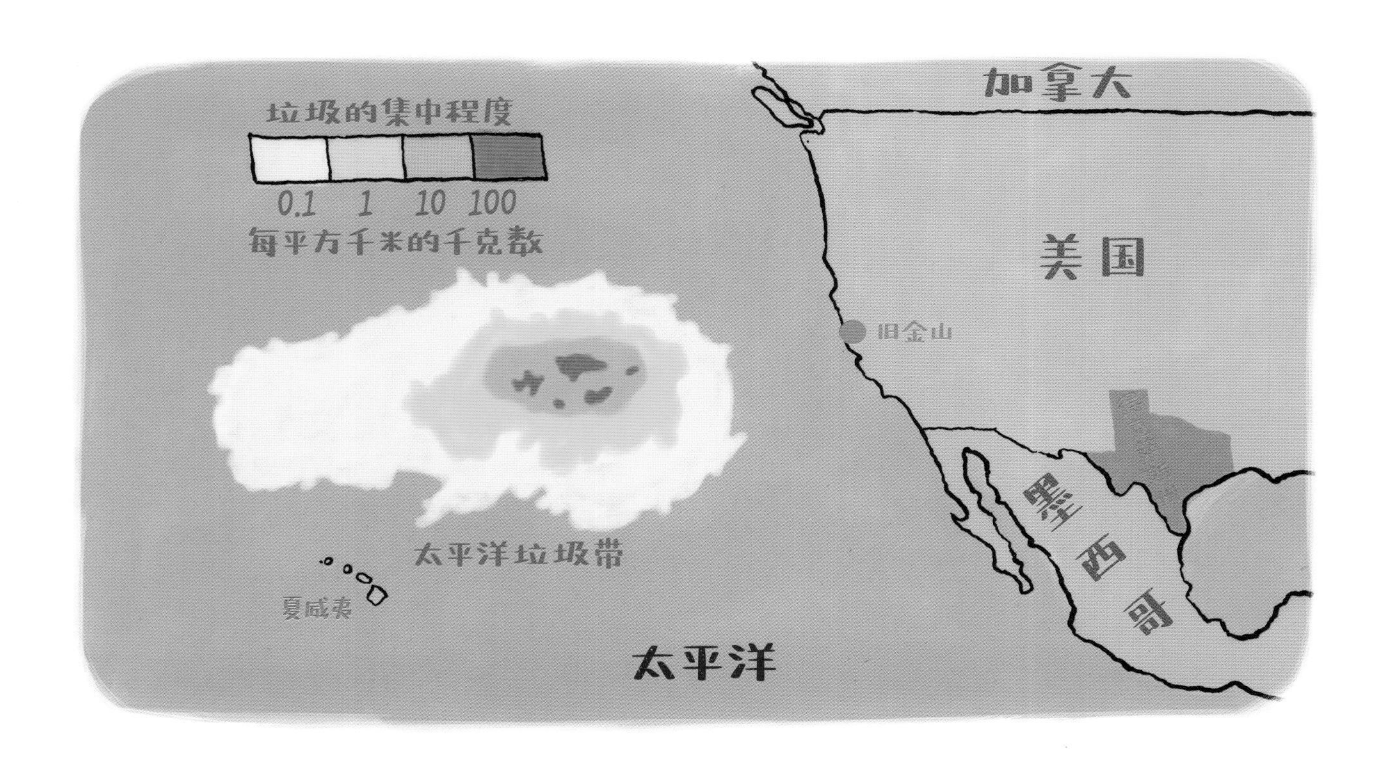

最大的海洋垃圾带大约是英国面积的6倍、美国得克萨斯州面积的2倍。

海浪的撞击和太阳的照射将塑料分解成微小的颗粒，这些颗粒叫微塑料。

这些**微塑料**被海洋生物吃下去，

进入**食物链**中。

从这条食物链可以看出，塑料是如何从食物链的底层向上传递，并被越来越大的海洋动物吞食吸收，最终进入人类的身体中的。

有些海洋动物错将大块

塑料垃圾当成食物吃掉。

在一些死去的鲸的胃里竟然发现多达100千克的塑料。

人们在这头死去的鲸的胃里找到了115个塑料杯、25个塑料袋、4个塑料瓶、2只人字拖鞋和1000多块塑料碎片。

偶尔，海鸟也会给自己的宝宝喂食塑料，导致雏鸟的存活率下降。

海龟错把塑料袋当成了水母吃掉。

废弃的塑料渔网如同“鬼网”，缠住海鸟、海豚和海豹，使这些动物不幸丧命。

预计到2050年，海洋中的塑料总重量将超过鱼类的总重量。

气候变化也在影响我们的大海。

人类向大气中排放了太多**二氧化碳。**

二氧化碳将热量留在大气中。

过多热量造成温室效应，导致全球变暖。

大气中的一部分**二氧化碳**和**热量**被**海洋**吸收。

人类排放的二氧化碳，约有26%被海洋吸收。
温室气体留下的多余热量，约有90%被海洋吸收。

因此，**海洋的温度**变得越来越高，**海水的酸性**也越来越强。

对于所有**海洋**生物来说，**海洋酸化**是一个可怕的坏消息。

海水中的碳酸钙帮助水生有壳动物（牡蛎、蛤蜊、海胆等）和某些浮游生物以及珊瑚形成壳和骨骼。

海洋酸化使很多海域中的碳酸钙含量减少，影响了水生有壳动物、浮游生物和珊瑚的生长。

健康的珊瑚里生活着微小的海藻，这些藻类为珊瑚虫提供食物。

海洋温度升高、发生酸化，使藻类产生了毒性，遭到珊瑚虫的排斥。

珊瑚逐渐褪色，最终死亡，变成了黑色。

珊瑚逐渐褪色、死亡。

生活在**珊瑚礁**中的海洋生物

也因失去繁殖区而消亡了。

海洋变暖还会进一步减少海水的氧气含量。

海水中的氧气越来越少，影响海洋生物的平衡，尤其是金枪鱼、剑鱼、鲨鱼等大型物种，它们对海水含氧量的变化格外敏感。

受到**全球变暖**的影响，
尤其是在两极地区，冰层不断融化，
海平面不断升高。

临海而居的人们可能会失去家园。

遍布全球的**洋流**形成了

海洋环流带，它会影响全世界的天气。

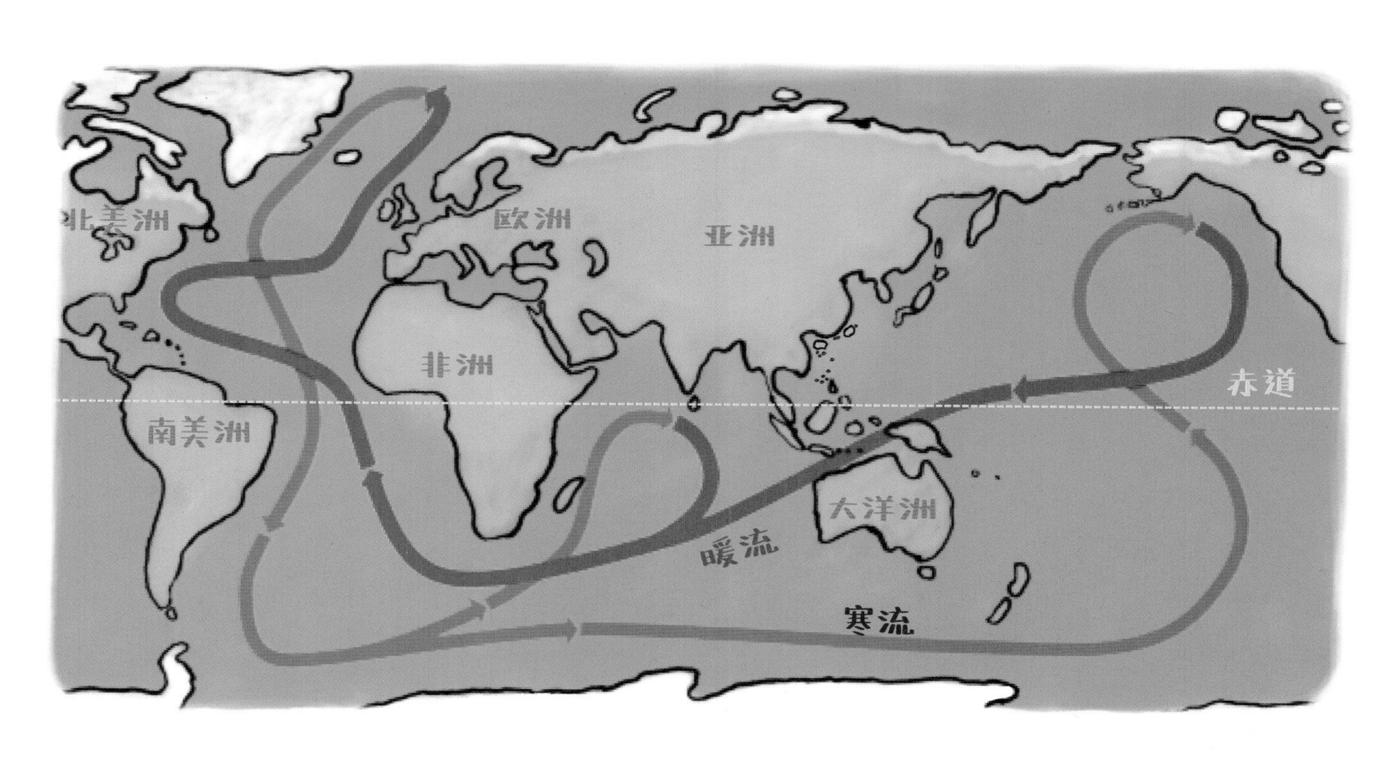

冰层融化后的淡水和正在升温的海水

加入**洋流**，导致洋流的含盐量降低，

从而使**海洋环流**的速度变缓，

影响全球的**天气特征**。

过度捕捞

也对**海洋**环境造成严重威胁。

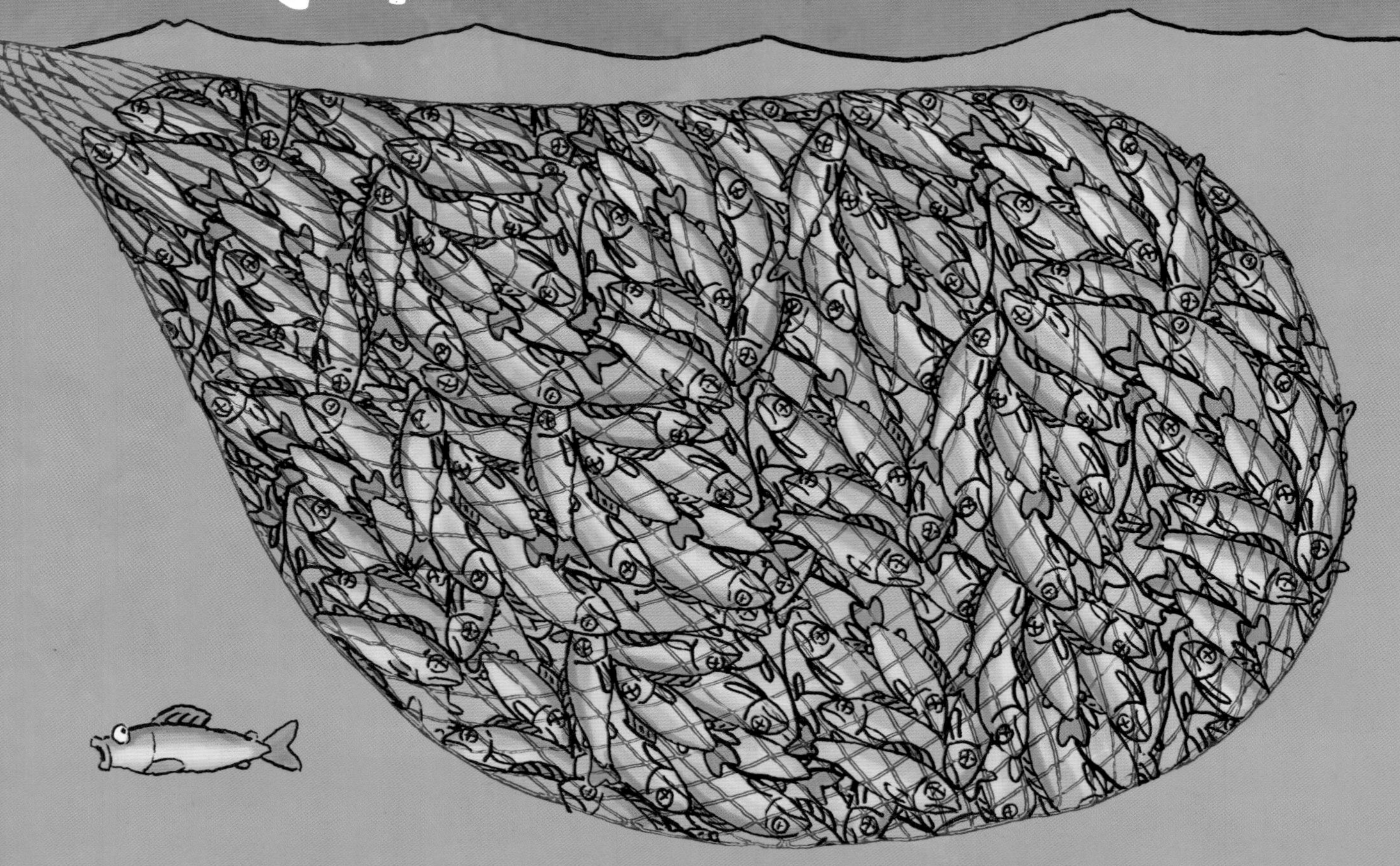

一次性捕鱼数量过多，鱼类数量锐减，导致繁殖不足，无法恢复鱼类种群规模，这就是过度捕捞。

全球超过12亿人将鱼类作为蛋白质的主要来源。

过度捕捞不仅威胁

海洋生态系统，还会导致

数百万以海产品为主要食物来源的人陷入困境。

商业捕鱼船常常捕捞到大量不需要的、没用的海洋生物……

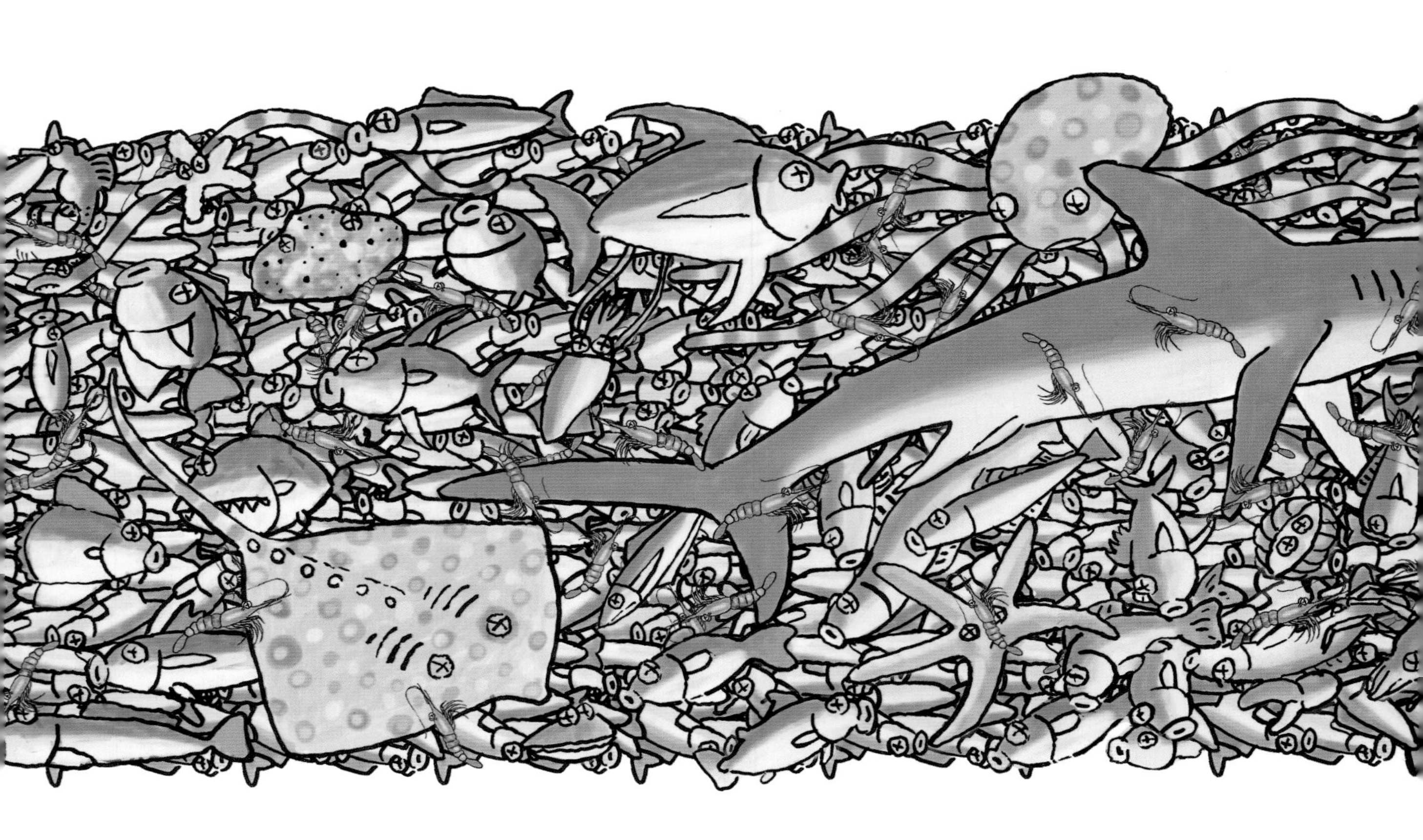

然后将它们丢弃。

每捕捞约**1千克虾**，就要扔掉

6-30千克其他海洋生物。

那些被困在渔网里却被视为“无用”的海洋生物叫作兼捕渔获物，它们的数量甚至能达到总捕捞量的80%-90%。

海洋哺乳动物

也受到**商业捕捞**的威胁。

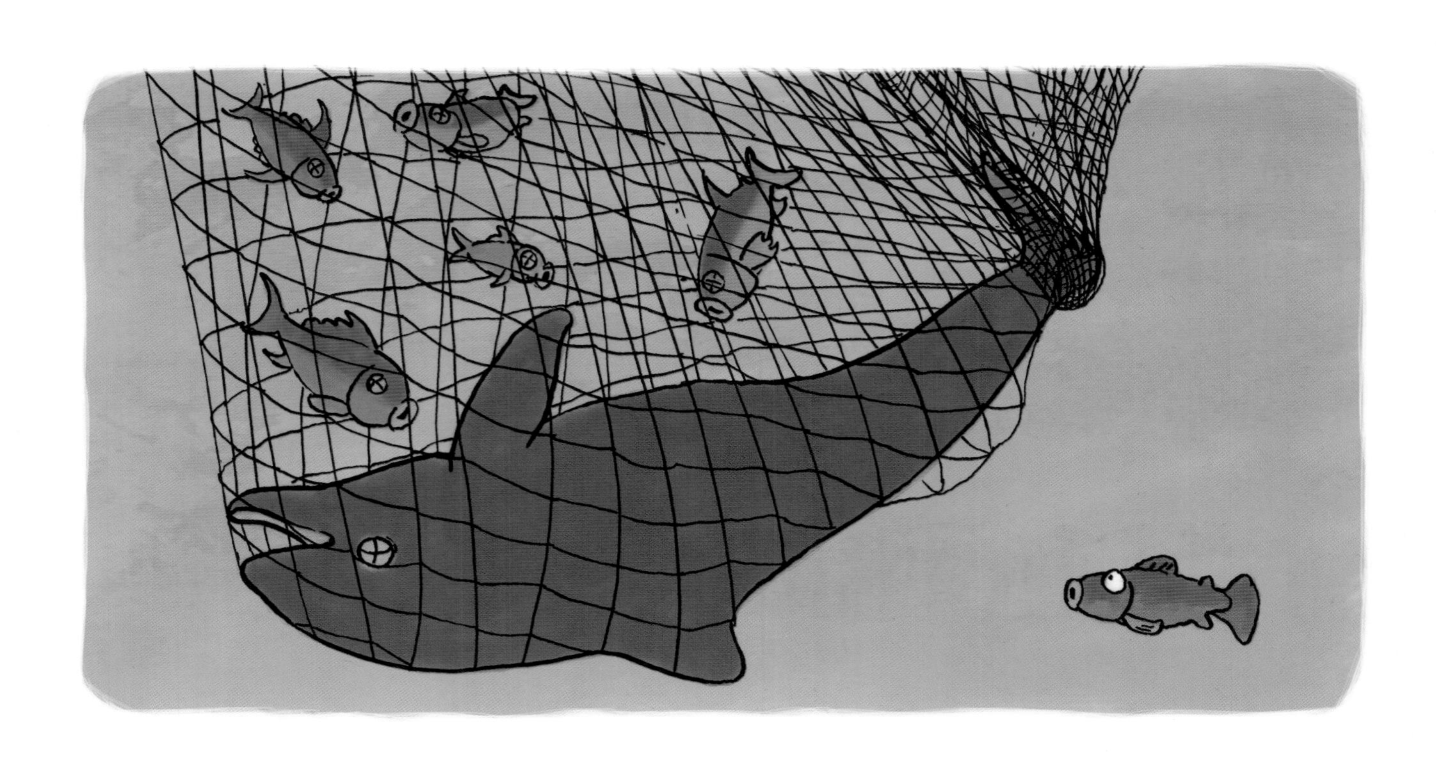

据统计，每年约有30万头鲸、海豚和鼠海豚因被渔网困住而死去。

在过去的70年间，

海洋中的鱼类资源减少了约90%。

我们一起努力，

化解海洋危机。

世界上有些地区通过控制渔业权，保护鱼类种群数量。我们可以选择食用可持续海产品，为保护海洋资源做贡献。

循环利用塑料，或者使用塑料包装的替代品，减少塑料对海洋的污染。

我们可以减少碳足迹，比如多骑自行车，少开汽车，减轻二氧化碳对海洋酸化的影响。

词语释义

吸收：把外界的某些物质吸到内部。

浮游生物：悬浮在水层中的很小的生物，行动能力微弱。

藻类：种类比较原始的低等生物，没有根和叶。

食物链：生物之间一连串的食与被食的关系，处于链条下游的生物是上游生物的食物。

温室效应：大气中二氧化碳等温室气体含量增加，导致全球逐渐变暖。

毒性：有毒的特性。

赤道：人为规定的一道无形的线，围绕地球一圈，与南北两极距离相等。

蛋白质：人类身体生长发育所需的一种营养成分，是生命的基础。

生态系统：生物群落中的各种生物之间，以及生物和周围环境之间相互作用构成的整个体系。

渔业权：进行渔业生产、经营等活动所应取得的权利。

可持续：指自然、经济、社会的协调统一发展，这种发展既能满足当代人的需求，又不损害后代人的长远利益。

碳足迹：个人或者组织等直接或间接产生的温室气体的总排放量。

我们的地球怎么了?

变了颜色的地球

[英]奥利弗·韦斯特 [英]大卫·韦斯特 著绘 吕竞男 译

海豚出版社
DOLPHIN BOOKS
中国国际出版集团

本书地图系原书插附地图　审图号：GS（2021）925号

著作权合同登记号：图字 01-2021-4126号

图书在版编目（CIP）数据

我们的地球怎么了？. 变了颜色的地球 / (英) 奥利弗・韦斯特, (英) 大卫・韦斯特著绘；吕竞男译. --北京：海豚出版社, 2022.1
ISBN 978-7-5110-4198-2

Ⅰ. ①我… Ⅱ. ①奥… ②大… ③吕… Ⅲ. ①环境保护－儿童读物 Ⅳ. ①X-49

中国版本图书馆CIP数据核字(2020)第268574号

我们的地球怎么了？**变了颜色的地球**
[英]奥利弗・韦斯特　[英]大卫・韦斯特　著绘　吕竞男　译

出 版 人：王磊
选题策划：洛克博克
责任编辑：杨文建　白云
美术设计：暖暖
责任印制：于浩杰　蔡丽
法律顾问：中咨律师事务所　殷斌律师
出　　版：海豚出版社（北京市西城区百万庄大街24号）
电　　话：010-68996147（总编室）　010-53606996（发行部）
传　　真：010-68996147
印　　刷：北京利丰雅高长城印刷有限公司
开　　本：24开（889mm × 1280mm）
印　　张：8
字　　数：120千
印　　数：1—8000
版　　次：2022年1月第1版　2022年1月第1次印刷
标准书号：ISBN 978-7-5110-4198-2
定　　价：120.00元（全6册）

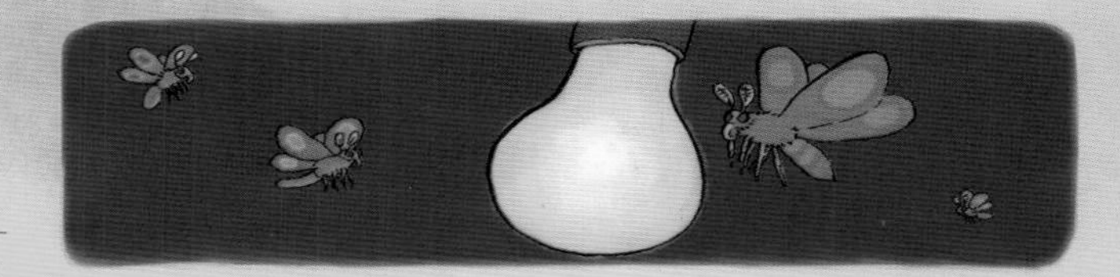

目 录

地球和它的居民们

深受**污染**之苦。

污染随处可见，

在**最高的山峰**

珠穆朗玛峰上，登山者留下许多垃圾和排泄物。

在**最深的海底**

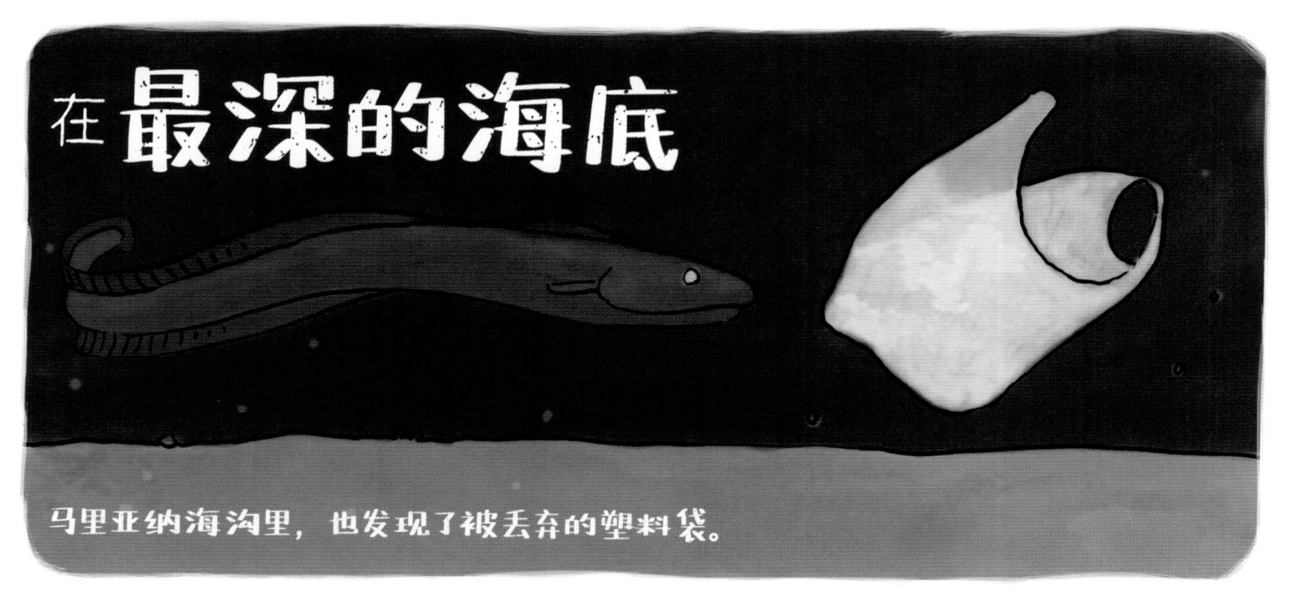

马里亚纳海沟里，也发现了被丢弃的塑料袋。

如果有害或者有毒的东西
进入自然环境，
就会造成**污染**……

比如，非法倾倒**化学肥料**，会污染倾倒地的自然环境，导致动植物死亡。

比如，噪声……

音量过高，无论是人还是动物都难以忍受。

灯光也可能成为**污染源。**

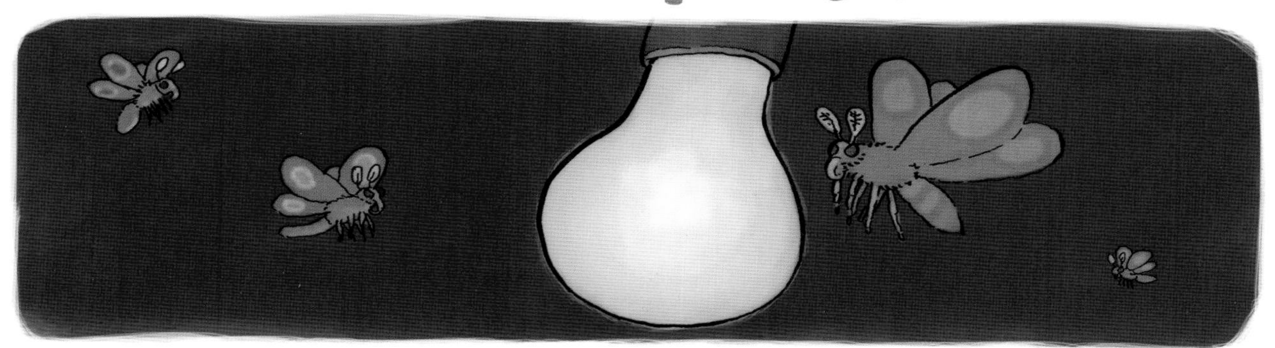

鸟和飞蛾等动物会被夜晚的灯光迷惑，影响了动物的自然生活规律。

如果废气、化学物质和微粒进入大气，

将导致**空气污染**。

空气污染不仅危害野生动植物，而且破坏自然界的平衡。

有时空气污染也是由自然因素造成的。

火山爆发影响气候和农作物的收成。

森林大火熊熊燃烧几个月，烟尘随风飘到附近的城市。

沙尘暴将沙尘卷入大气中，遮天蔽日。

人类燃烧**化石燃料**，
向空气中排放大量废气，
造成严重的**空气污染**。

工厂、发电厂和车辆都使用化石燃料。

空气污染引发很多健康问题，

比如呼吸困难或患上**哮喘**等疾病。

污染物笼罩整个城市，导致雾霾出现。

空气污染还会加快全球变暖，并且破坏臭氧层。

臭氧层能够保护我们不受太阳有害射线的影响。

卡门线是地球大气层和外太空之间的分界线。

散逸层

热层

中间层

平流层

对流层

臭氧层

化石燃料燃烧时

产生**硫化物等**化学物质，

是形成**酸雨**的主要原因之一。

酸性气体与水滴
结合，形成酸雨。
酸性气体被排放
到大气中。
酸雨

酸雨伤害土壤和森林。如果它落入淡水中，严重时会导致鱼类死亡。

大地也在遭受**污染**的侵害。

很多我们扔掉的废物被送到

垃圾填埋场。

平均每人每天

大约产生**1千克**垃圾。

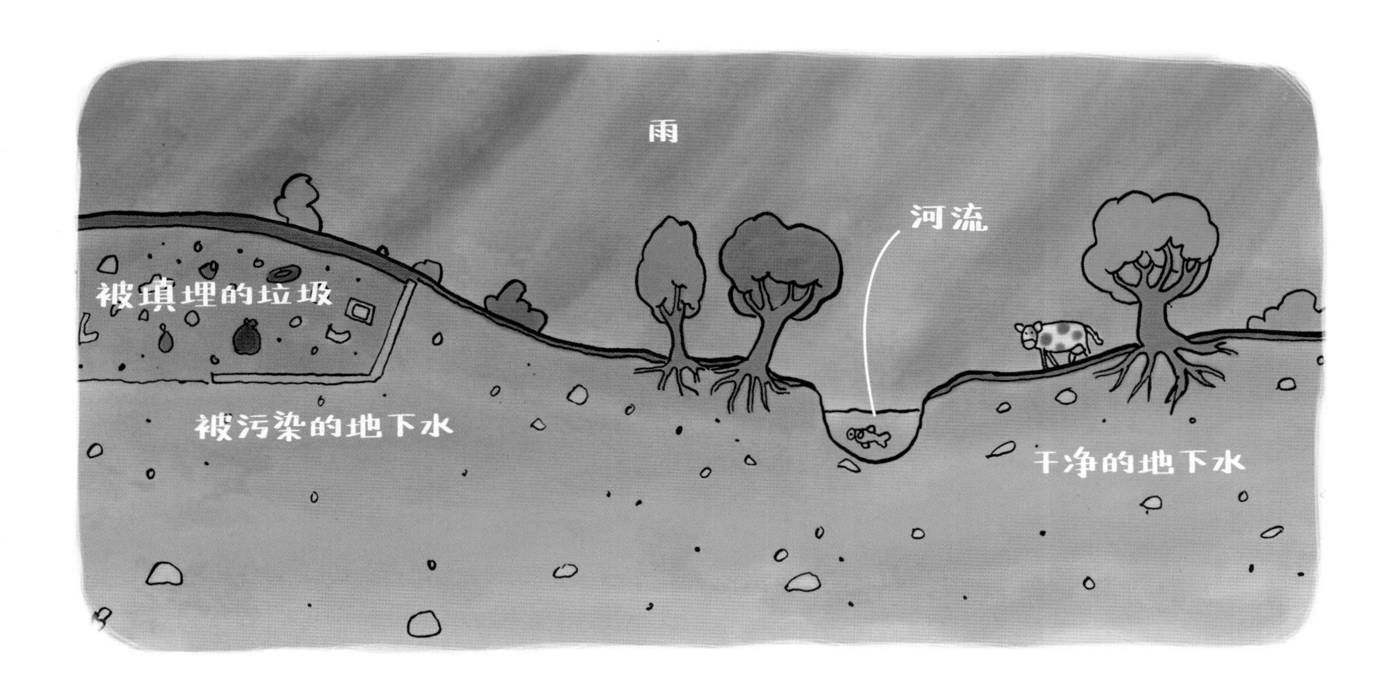

雨水落在垃圾填埋场里，有毒的化学物质渗透到地下水中。
受污染的地下水流入河流湖泊，危害水生生物。

开采**矿山**会破坏动物栖息地脆弱的生态。
有些物种对生存环境十分敏感，
由于过度开采导致**生态系统**被破坏，
也让某些物种彻底**消亡**。

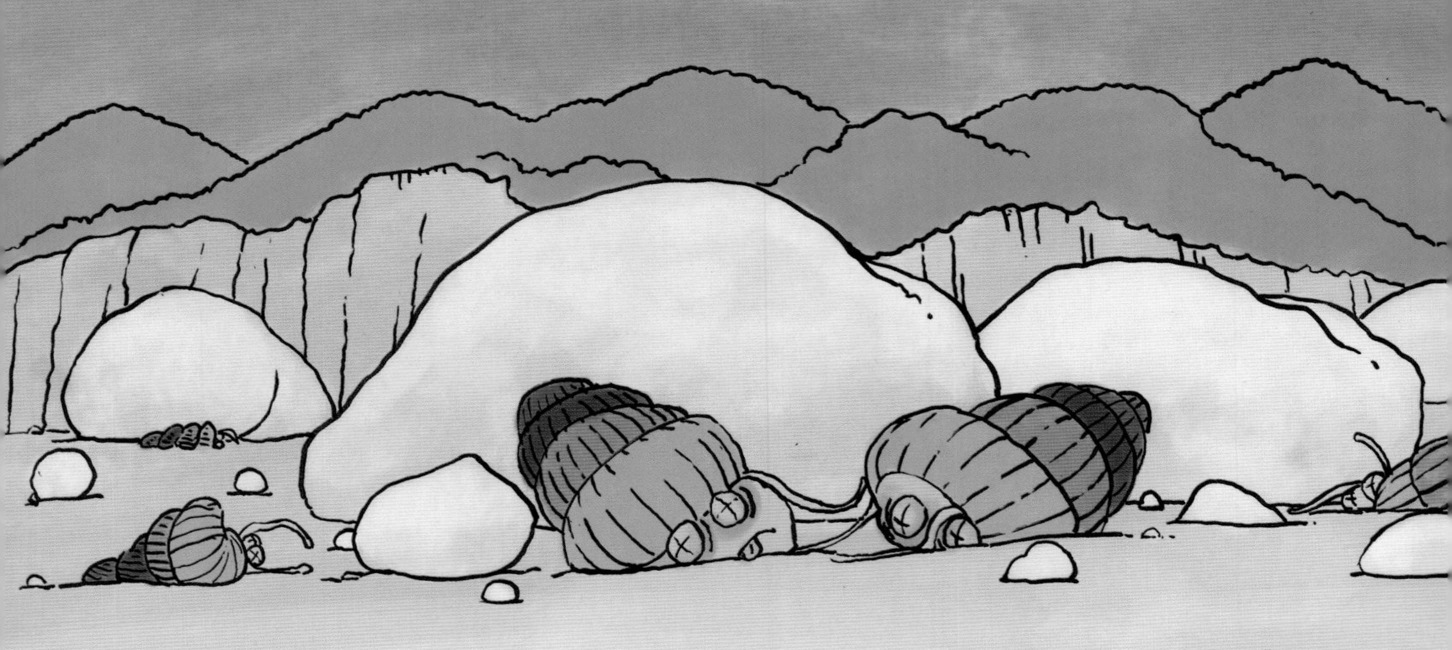

在亚洲人们开采石灰岩的地区，若干种依赖石灰岩生存的蜗牛因为栖息地遭破坏而面临灭绝的危险。

酸性矿山废水是一种

非常可怕的**污染物。**

雨水将大量的酸性物质从矿山带入河流，

污染了水源。

酸性过高的水，导致鱼和水草等水生生物死亡。并且它还会腐蚀防洪堤、船身和水泵等金属设施。人们无法饮用这样的水，也不能在里面游泳。

农业生产过程中也会产生**污染。**

为了提高农作物产量，人们使用

杀虫剂和除草剂……

使用杀虫剂是为了防止害虫影响收成，但它同时也会杀死蜜蜂。
全世界大部分的农作物要依靠蜜蜂传播花粉。

这些化学药剂会**污染**环境，

破坏周围的生态系统。

为了消灭野草等影响农作物生长的植物，人们喷洒除草剂。但有些植物是鸟和昆虫的食物来源，一旦被除草剂杀死，鸟和昆虫的种群数量也会减少。

化肥为农作物提供额外的营养物质，

如**硝酸盐。**

硝酸盐有助于促进植物的生长，

提高农作物的产量。

然而，**硝酸盐**一旦被冲进河流湖泊中，

就会引发严重的问题。

流入水中的硝酸盐刺激藻类迅速生长，就是通常说的水华暴发。死去的水藻供养细菌繁殖，大量消耗水中的氧气，导致鱼、水草和其他水生生物无法存活。

农场的牲畜产生大量**粪便**。

冬天，粪便被收集起来，

等发酵之后被当作**肥料**撒在农田里。

粪肥中的氮渗入土壤，
最终溶入地下水。

粪肥的氮含量非常高，一旦进入河流湖泊，会像化肥中的硝酸盐一样，引发生态问题。

被**氮污染**的海水将影响海岸的生态系统。

氮元素过多致使海洋中赤潮暴发，

形成大片**“死亡区”**，

使海洋生物失去生命。

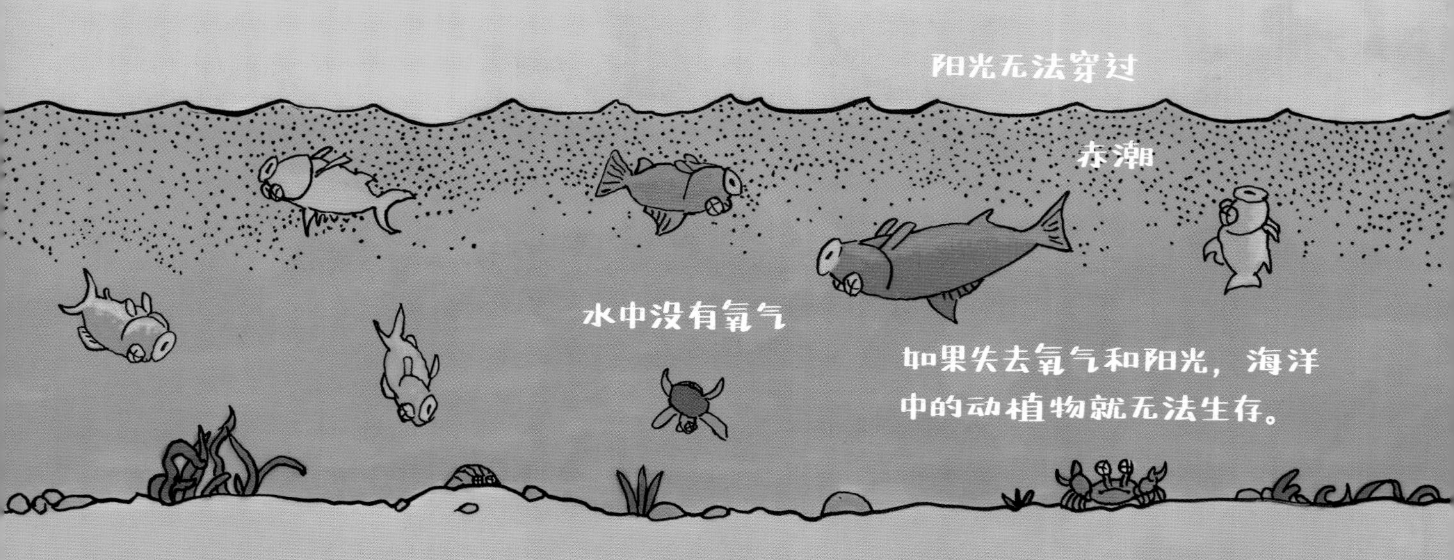
阳光无法穿过
赤潮
水中没有氧气
如果失去氧气和阳光，海洋中的动植物就无法生存。

海洋中有700多处“死亡区”，面积超过20万平方千米。

各种各样的**污染**
正在疯狂侵害我们的海洋。

化石燃料生成的**二氧化碳**
使**海水变酸**。

海水酸化使贻贝、蛤蜊、牡蛎和珊瑚等生物的壳和骨骼生长速度急剧减缓。

塑料不仅**污染**海滩，

而且有些线状或袋状的塑料制品流入大海后会缠住各种海洋生物，使它们无法脱身。

塑料不会彻底消失，而是分解得越来越小，最后被海洋动物吃下去，并保留在它们的身体里。

从油轮和海上石油钻机里

泄漏的石油是

常见的海洋**污染物**。

轮船、飞机、汽车，就连割草机里的汽油或柴油泄漏后，有些也会进入大海。

即使竭尽全力，

也只能清理掉很少一部分石油，

而为此使用的化学制剂本身也是

危险的**污染物。**

2010年，英国石油公司的“深水地平线”钻井平台发生爆炸，导致几百万桶石油流入墨西哥湾。

人为制造的高频噪声给世界各地的海洋生物造成危害。

声呐发出的声波、轮船发动机的轰鸣声和海洋勘探制造的爆破声会伤害海洋生物，甚至使它们丧命。

曾经有几次鲸群集体搁浅，
科学家认为很有可能和军事上使用的
声呐有关。

科学家认为，澳大利亚海军和美国海军使用的声呐，可能是造成鲸群在塔斯马尼亚州西海岸集体搁浅的原因。

世界各国正在做出巨大努力

来**保护我们的地球。**

如果将化石燃料的使用量减少到 **0**，

会产生最棒的结果。

每个人循环使用资源。

少扔垃圾。

减少塑料制品的使用。

词语释义

污染：有害物质混入空气、土壤、水源等而造成危害。

化石燃料：包括石油、天然气和煤炭等燃料，由古代生物的遗骸经过一系列复杂的变化而形成。

杀虫剂：杀死害虫的一种药剂。

除草剂：用来清除野草等无用植物的有毒药剂。

生态系统：生物群落中的各种生物之间，以及生物和周围环境之间相互作用构成的整个体系。

二氧化碳：地球大气中天然存在的无色气体。它是一种导致全球变暖的温室气体。

藻类：种类比较原始的低等生物，没有根和叶。

声呐：利用声波在水中的传播和反射来进行导航和测量的技术或设备。

硝酸盐：一种化合物，常被用来制造化肥。

我们的地球怎么了？

快来救救野生动物

[英]奥利弗·韦斯特 [英]大卫·韦斯特 著绘 吕竞男 译

海豚出版社
DOLPHIN BOOKS
中国国际出版集团

本书地图系原书插附地图　审图号：GS（2021）925号

著作权合同登记号：图字 01-2021-4126号

图书在版编目（CIP）数据

我们的地球怎么了？. 快来救救野生动物 / (英) 奥利弗·韦斯特, (英) 大卫·韦斯特著绘；吕竞男译. -- 北京：海豚出版社, 2022.1
ISBN 978-7-5110-4198-2

Ⅰ. ①我… Ⅱ. ①奥… ②大… ③吕… Ⅲ. ①环境保护－儿童读物 Ⅳ. ①X-49

中国版本图书馆CIP数据核字(2020)第268576号

我们的地球怎么了？快来救救野生动物
[英]奥利弗·韦斯特　[英]大卫·韦斯特　著绘　吕竞男　译

出 版 人：王磊
选题策划：洛克博克
责任编辑：杨文建　白云
美术设计：暖暖
责任印制：于浩杰　蔡丽
法律顾问：中咨律师事务所　殷斌律师
出　　版：海豚出版社（北京市西城区百万庄大街24号）
电　　话：010-68996147（总编室）　010-53606996（发行部）
传　　真：010-68996147
印　　刷：北京利丰雅高长城印刷有限公司
开　　本：24开（889mm×1280mm）
印　　张：8
字　　数：120千
印　　数：1—8000
版　　次：2022年1月第1版　2022年1月第1次印刷
标准书号：ISBN 978-7-5110-4198-2
定　　价：120.00元（全6册）

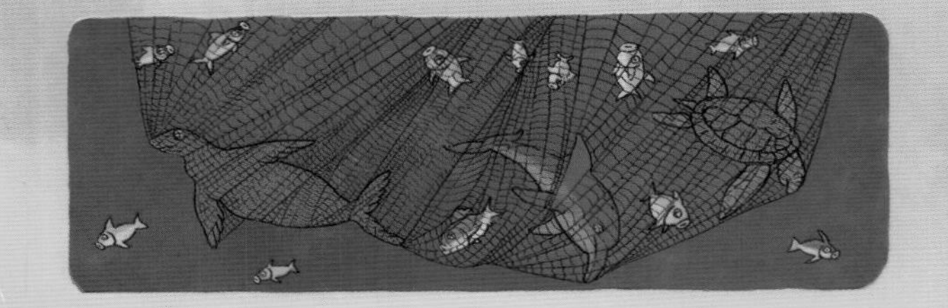

目录

在我们的**地球家园**，

几十亿年前就已经有生命存在。

我们的**地球**不断变化，
旧的物种渐渐消亡，
新的物种**逐步进化**。

所有曾在地球上生活的生物中，超过99%的物种已经灭绝，永远消失。

在过去的**5亿年**里，

地球上的生命

经历过5次**物种灭绝事件。**

物种灭绝事件是指短期内动植物种群大规模消失。

约6500万年前，恐龙死于白垩纪－古近纪物种灭绝事件。

现代人类使地球发生了巨大改变，

“第6次物种灭绝”事件正在发生，

以致大量生物已经灭绝。

科学家们称之为“人类世灭绝”。

人类的生存需要越来越多的土地，
我们在土地上建造房屋、种植粮食，
并修建四通八达的公路和铁路，
保证交通顺畅。

随着**人口不断增长**，

人类的活动空间不断扩张，

越来越多的**自然生态系统**遭到破坏。

人们不断地开垦农田，最主要的原因是想要生产更多的粮食。

生态系统的不断破坏，

极大地威胁了生物多样性。

地球上至少有一半物种生活在雨林和热带森林里。

人们毁林开荒，将森林变成放养牲畜的牧场和种植庄稼的农田。

破坏性的捕捞方式给**海洋生态系统**带来灾难。

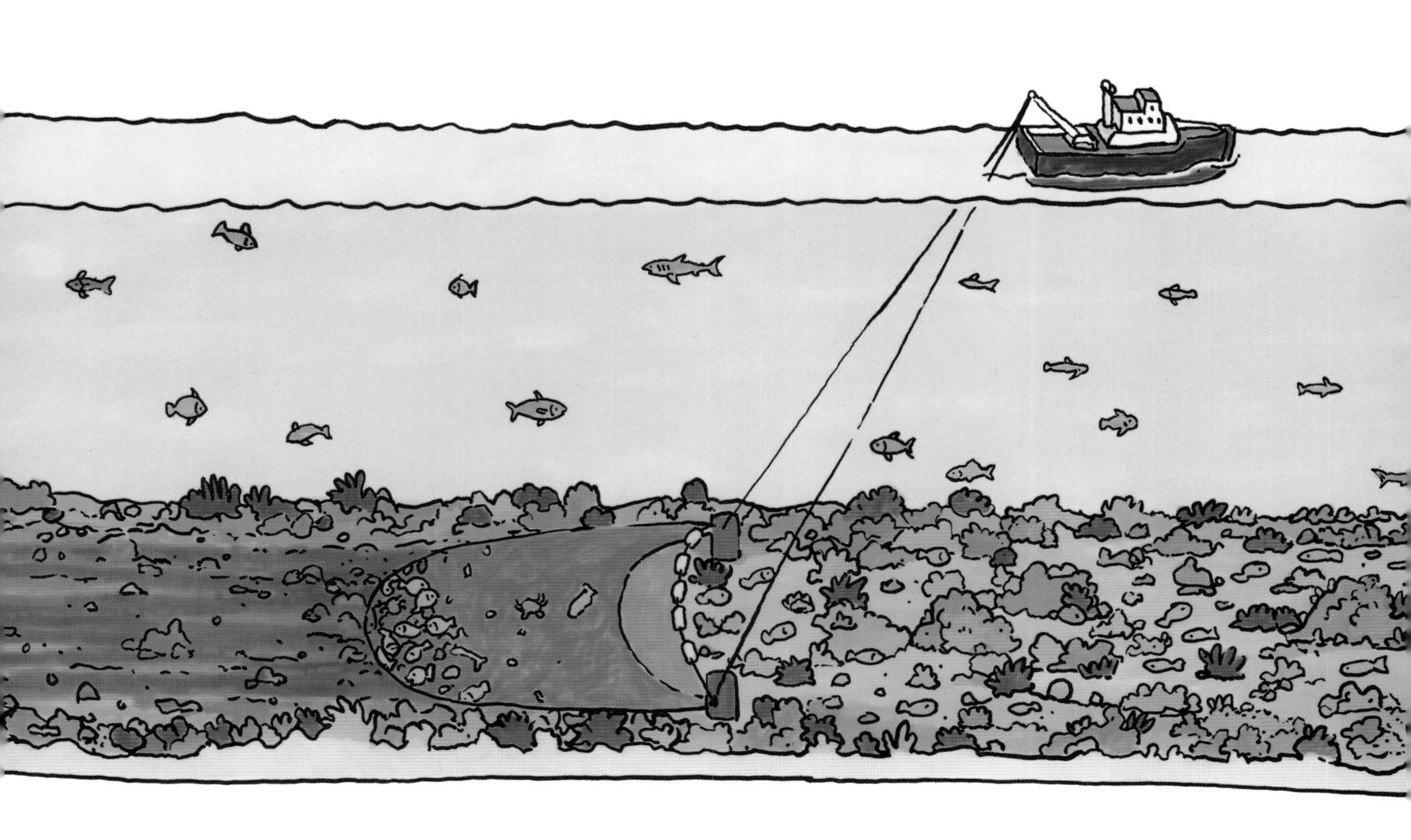

在拖网作业中，渔船拖拽着沉甸甸的渔网刮擦海床，破坏海洋生态系统。

水产养殖严重影响沿海的生态系统。

在过去的10年间，为了修建虾场，全世界约10%的红树林惨遭砍伐。

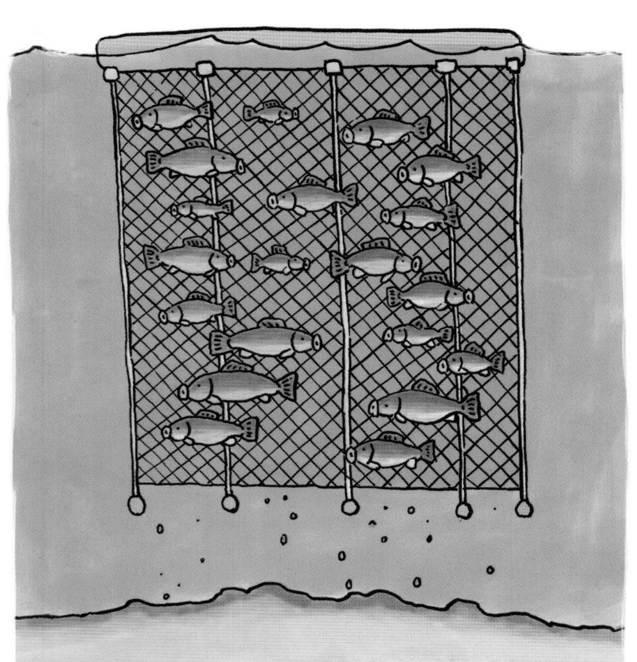

有些养鱼场使用化学药剂，对周围的生态系统产生了不良影响。密集的围栏下，鱼的排泄物和残余食物不断堆积，造成水质污染，引发鱼类传染疾病。

过度捕捞导致野生海洋动物的种群数量急剧减少。

过度捕捞是指一次性捕捞太多，导致生物繁殖的后代太少，不足以补充种群缺失的数量，使种群无法恢复。受到商业捕捞的影响，大约30%的鱼类资源存在被过度捕捞的现象。

兼捕渔获物就是与捕捞对象一起被捕获的其他海洋生物。因被视为“无用”，它们常常被直接丢弃。

几十亿条鱼因此而丧生。

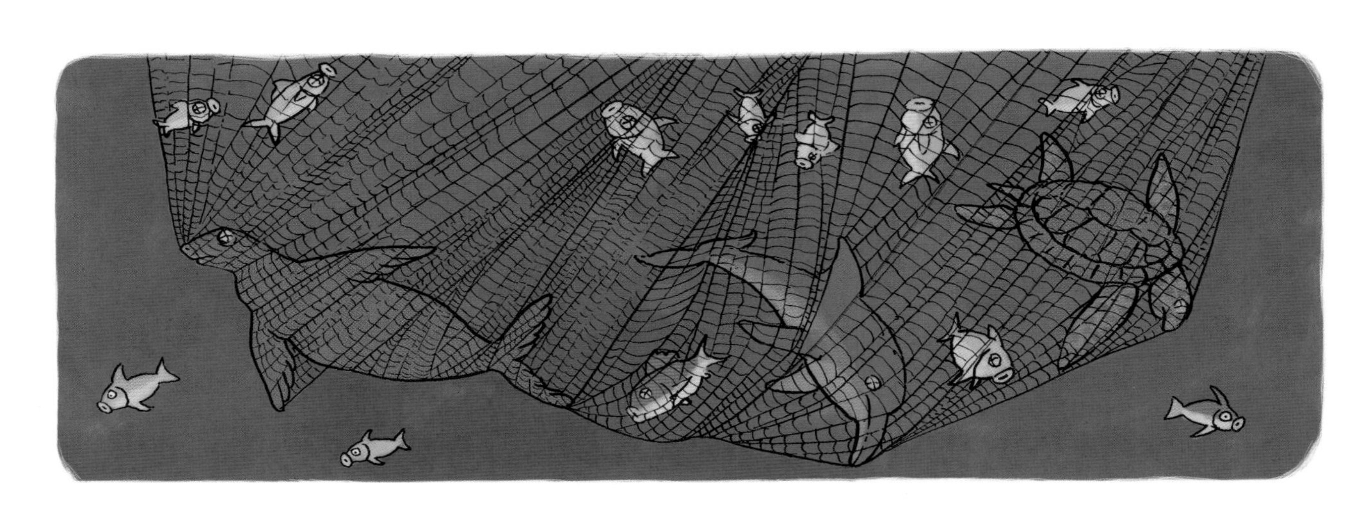

几十万只海龟、鲸和海豚因沦为兼捕渔获物而不幸死去。

矿井和大型露天矿区也在破坏生态系统。

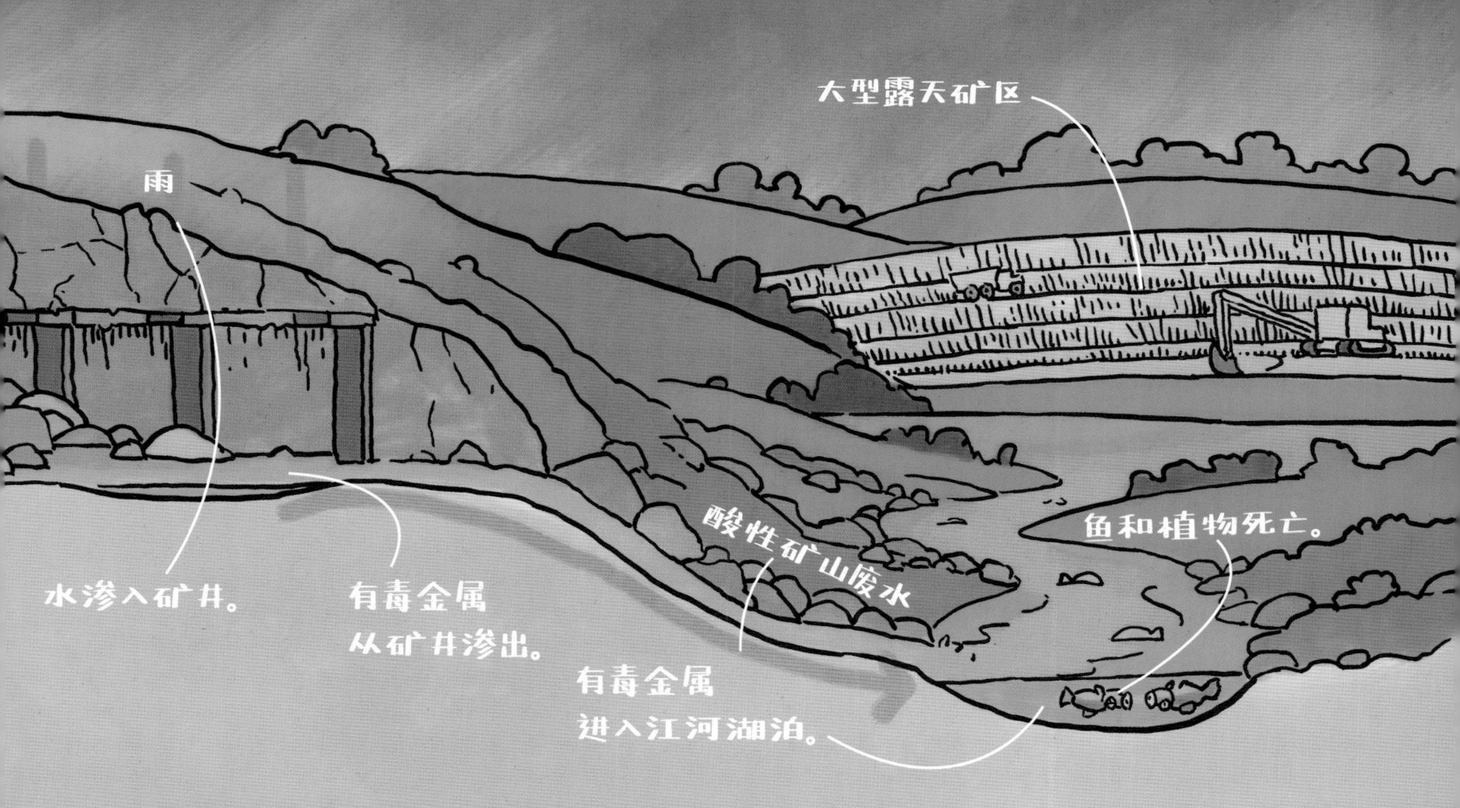
大型露天矿区
雨
酸性矿山废水
鱼和植物死亡。
水渗入矿井。
有毒金属
从矿井渗出。
有毒金属
进入江河湖泊。

酸性矿山废水导致水污染，鱼和植物因此中毒死亡。铅、铜和锌等有毒重金属从岩缝渗出，进入流经矿井的地表水，最后汇入江河湖海之中。

从农田和工厂流出的**化学径流**等物质造成**水质污染**，导致生活在江河湖海中的野生动植物的生存环境日益恶劣，甚至无法生存。

雨水将化肥和杀虫剂里的化学物质冲进江河湖海，引发水华或赤潮暴发，导致水中的氧气被消耗殆尽，制造出没有其他生物可以生存的“死亡区”。

工厂和发电厂的污染导致**酸雨**形成。

酸雨破坏**森林生态系统**

和**水生生态系统**。

燃烧化石燃料释放的二氧化硫等化学物质，形成酸雨，导致树木死亡，地表水酸化，使野生动植物无法继续生存。

有些海域正在变酸，致使贻贝、蛤蜊、牡蛎和珊瑚等生物的壳和骨骼生长速度减缓。

严重的石油泄漏事故

对野生动植物的影响迅速显现，导致多种动植物死亡或濒临死亡。

海龟浮上水面呼吸时，浑身沾满石油。
鸟类的羽毛被石油粘住。
鱼吃下有油污的浮游生物。

漂浮的石油污染了藻类、鱼卵和幼虫等各种各样的生物。如果鱼和其他动物以这些生物为食，就有可能被石油毒死。

石油泄漏后，即使过去很长时间，

污染依然存留在**海岸线、潮滩和盐沼**等**生态系统**中。

石油深深地渗入沙滩、潮滩和盐沼，长期危害鱼类及其他野生动植物种群的生存。

落入**海洋**中的**垃圾**，尤其是**塑料垃圾**，威胁着众多野生动物的生命。

水母是海龟
喜欢的食物。
海龟经常把塑料袋
当作水母吃下去。

如果误食稍微大一些的塑料垃圾，海洋动物很可能会死亡。

塑料已经成为很多传统材料的替代品，尤其是在**捕捞业**被广泛使用。

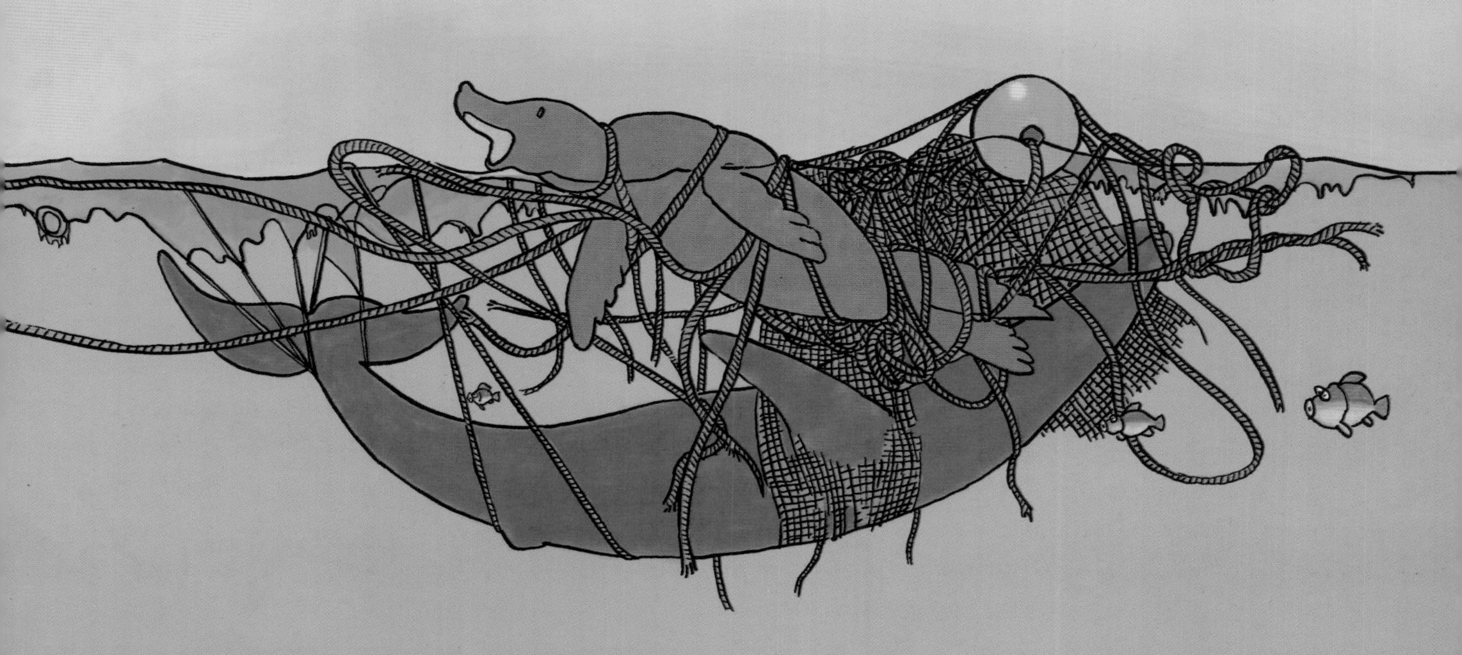

被丢弃的塑料渔网，仿佛“鬼网”，鸟、海豚和海豹等动物一旦被缠住，基本没有逃脱的可能。

灯光和噪声污染

也会对野生动物产生严重的危害。

人造光打乱了青蛙和蟾蜍的求偶习惯，干扰了它们的繁殖，使其种群数量下降。

海龟在夜晚孵化，然后在海面反射的月光指引下找到返回大海的路。人造光却吸引它们远离大海。每年都有上百万只海龟因此而丧生。

受到城市人造光的影响，鸟儿们撞上建筑物。加拿大的多伦多在夜晚关闭很多高楼的灯光。这种措施每年可以挽救几百万只鸟的生命。

轮船发动机产生的噪声，以及寻找海底石油和天然气的勘探船发出的爆破声，会伤害甚至杀死海洋动物。鲸、海豚、鱼、水生有壳动物都深受其害。

发电厂、工厂和各种交通工具

使用了大量的**化石燃料**，

导致大气中的**温室气体**

含量增加。

温室气体就像温室的保温玻璃一样，让地球保持温暖。但是温室气体太多也会使地球过热。

地球的气候因此发生急剧变化。

动物和植物需要花费成千上万年的时间才能慢慢进化。如果气候突然改变，会导致很多物种消亡。

气候变化正在让极地的冰雪渐渐消融，

而北极是**北极熊**的主要栖息地。

北极熊的狩猎场不断消失在海洋中，它们不得不游到几十万米之外寻找食物。饥肠辘辘的北极熊正在死亡边缘痛苦挣扎！

澳大利亚面临比以往更为严重的干旱，

这是导致**森林大火**异常凶猛的原因之一。

从2019年9月烧到2020年初才被扑灭的澳大利亚森林大火烧毁了数十万平方千米的栖息地，导致超过10亿只动物葬身火海。

人们为当地引进**外来物种**的做法，

给当地的**生态系统**和**野生动物**

带来严重危害。

入侵物种和当地原生物种争夺食物，威胁原生物种的生存。在美国的佛罗里达州，作为入侵物种的缅甸蟒对当地很多动物构成威胁，就连鳄鱼都是受害者。

入侵物种还包括

改变当地**生态系统**的外来植物。

在过去的几百年间，南非为了放养牛群而引进的灌木和矮树，挤占了当地原有的草地面积，导致土生土长的白犀牛、高角羚、长颈鹿、扭角林羚难以找到充足的食物。

尽管大量**生态系统**被破坏，

但是我们还有**希望。**

如果我们保护好**50%**的**土地**和**海洋，**

植物和动物就能继续繁衍生息。

如今，地球上仅有约15%的陆地和约8%的海洋受到严格保护。这些地方建立了大约24万个陆地保护区和自然公园以及近2万个海洋保护区。

词语释义

藻类：种类比较原始的低等生物，没有根和叶。

水产养殖：以食用为目的，在水中饲养动植物。

污染：有害物质混入空气、土壤、水源等而造成危害。

生态系统：生物群落中的各种生物之间，以及生物和周围环境之间相互作用构成的整个体系。

进化：事物由简单到复杂，由低级到高级逐渐发展变化。一般需要经历漫长的时间。

灭绝事件：大量物种在相对较短的时间内消亡。

化石燃料：包括石油、天然气和煤炭等燃料，由古代生物的遗骸经过一系列复杂的变化而形成。

温室气体：包含在大气内，将热量留在地球表面的气体，比如二氧化碳、甲烷和水蒸气。

幼虫：由卵孵化出来的昆虫幼体。

生物：有生命的物体，包括所有动物、植物和单细胞生命体等。

浮游生物：悬浮在水层中的很小的生物，行动能力微弱。

毒性：有毒的特性。